匠心护塔：
宝塔修缮档案

苏州思成古建园林工程有限公司
朱兴男　主编
朱　敏　陆革民　副主编

中国建筑工业出版社

图书在版编目（CIP）数据

匠心护塔：宝塔修缮档案 / 朱兴男主编；朱敏，
陆革民副主编 . -- 北京：中国建筑工业出版社，2024.
9.-- ISBN 978-7-112-30167-6

Ⅰ. TU746.3

中国国家版本馆 CIP 数据核字第 2024DG1899 号

本书根据苏州思成古建园林工程有限公司历年修缮、维护和新建的宝塔的现场记录进行整理摘编，记述了以宝塔为代表的古典建筑，特别是文物建筑在修缮工程中遭遇的各种艰辛过程，反映出以朱兴男等为首的香山帮匠人对于每个项目的缜密思维方式和针对各种技术难题的破解之法，体现出古建筑维修人员对传统建筑文化深厚热爱之情、严谨的工作作风和执著的工匠精神。同时通过十个宝塔工程实例，展现了苏州思成古建园林工程有限公司在文物建筑的修缮、维护等方面重要贡献以及在技艺传承方面的突出成就。

本书由苏州思成古建园林工程有限公司董事长朱兴男任主编，总经理朱敏和总工程师陆革民任副主编，其中收录的每个工程案例都是他们亲力亲为的实践过程，通过公司文献档案和参与者的集体回忆编写而成，并配以现场施工照片以及部分设计图纸等进行较全面地描述，使每个工程所遇到的困难、解决的方法、积累的经验、存留的遗憾等都得到体现，也为这些项目今后再次维护或其他相类似工程提供了宝贵的经验。

本书由上篇说塔和下篇修塔组成，除了说塔为导论外，修塔中每一章都是一座宝塔的工程经历、一项技术难题的破解过程和一份施工内容的总结。本书既是古建筑宝塔修造技术的总结，也可以作为维修宝塔的故事，供读者欣赏。

本书可供广大古建筑爱好者、相关专业人士及大专院校师生使用。

责任编辑：胡明安
责任校对：赵　力

匠心护塔：宝塔修缮档案

苏州思成古建园林工程有限公司
朱兴男　主编
朱　敏　陆革民　副主编
*
中国建筑工业出版社出版、发行（北京海淀三里河路9号）
各地新华书店、建筑书店经销
北京光大印艺文化发展有限公司制版
临西县阅读时光印刷有限公司印刷
*
开本：880毫米 × 1230毫米　1/16　印张：12　字数：265千字
2024年8月第一版　　2024年8月第一次印刷
定价：135.00元
ISBN 978-7-112-30167-6
（42917）

本书编委会

顾　问：李永革　韩卫兵

主　编：朱兴男

副主编：朱　敏　陆革民

编　委：朱兴男　朱　敏　陆革民　张建狗

　　　　陈培根　徐卫青　陈建新　朱双弟

　　　　张　明　贺启明　陈玉明

作者简介

朱兴男 ———————————————————

中国古迹遗址保护协会会员，国家文物局《文物修复师国家职业技能标准》主要起草人，高级工程师，文物责任工程师，"香山帮传统建筑营造技艺"江苏省代表性传承人，苏州市香山帮营造协会常务副会长，苏州市吴越史地研究会副理事长，苏州市古迹遗址保护协会常务理事，苏州工业园区职业技术学院客座教授，苏州思成古建园林工程有限公司董事长。

朱敏 ———————————————————

中国古迹遗址保护协会会员，民主党派：中国国民党革命委员会成员，苏州市香山帮营造协会副秘书长，苏州思成古建园林工程有限公司总经理。

陆革民 ———————————————————

中国古迹遗址保护协会会员，江苏省住房和城乡建设厅直属高校：江苏城乡建设职业学院客座教授，高级工程师，文物责任工程师，苏州市住房和城乡建设局园林古建专家库成员，常州市文物保护发展研究院特聘专家，苏州工业园区职业技术学院客座教授，苏州思成古建园林工程有限公司总工程师兼副总经理。

序

尊敬的各位读者，大家好！今天看到我的同行和朋友：苏州思成古建园林工程有限公司朱兴男先生主编的著作《匠心护塔：宝塔修缮档案》，拜读之后感到很兴奋。这本书对于我们从事古建筑修缮的人来说非常有价值。朱先生要我为这本书写序，我答应了，在真正动笔开始写的时候又觉忐忑，竟不知道该说些什么？后来我想：倒不如借此机会来对这本著作做一个推介，本人也非常愿意在这里与大家一起分享这本书中的故事。

《匠心护塔：宝塔修缮档案》是一部关于古建筑保护与修缮的书籍，但并不是一本纯粹的技术书籍。书中通过叙述苏州思成古建园林工程有限公司在修缮古塔过程中的经历，反映了古建筑修缮工程的艰辛，以及苏州思成古建园林工程有限公司在文物建筑保护方面的重要贡献和技艺传承创新的突出成就。

我也是一名古建筑保护工作者，我深知古建筑的珍贵价值。古建筑是我国历史文化遗产的重要组成部分，它们承载着丰富的历史信息，反映了我国不同历史时期的社会、经济、文化、宗教等多方面的内容。古建筑作为历史的见证，对于我们了解过去、认识历史、传承文化具有不可替代的价值。

在修缮古塔的过程中，我们必然会面临诸多挑战和困境。如何在尊重古塔原貌的基础上，运用现代技术成果使古塔能够更长久地保持它的原貌并具有安全性，这就是一种创新，也是一项极具挑战性的任务。此外，文物保护与经济发展的矛盾始终是一个较为突出的问题。如何在保护古建筑的同时，合理利用各种资源和技术，实现经济效益和社会效益的双赢，是古建筑修缮过程中一项亟待解决的问题。

《匠心护塔：宝塔修缮档案》这本书，详细介绍了苏州思成古建园林工程有限公司在修缮古塔过程中的实践经历。他们遵循"不改变文物原状"的原则，充分尊重古塔的历史原貌，同时注重创新技术在修缮中的应用。在修缮过程中，体现了朱兴男先生及其团队工程师们卓越的工匠精神，克服了种种困难，使古塔得以重现昔日风采。

在今后古建筑保护与修缮工作中，我们需要继续发扬工匠精神，加强对古建筑的保护与传承。同时，我们也要广泛动员全社会力量，积极参与古建筑保护与修缮工作，形成政府、企业、民间共同参与的保护格局。

作为同行，在这里我想用我的师傅赵崇茂先生交给我的一句话与朱兴男先生共勉，那就是："勿要一得自矜，浅尝辄止"，这就是说对待文物建筑在进行修复时可以应用各种最新的科技成果进行创新和改造，但是这种改造的目的是使文物建筑能更好地保持他们的原有风貌和特色，因此每一种新材料、新技术的应用都必须进行严格的性能、效果测试和专家的考核、认证。切不能自以为是，盲目在实体工程中大面积使用，否则会对文物古建造成难以弥补的伤害。

最后，让我们携手共进，为保护我国古建筑、传承民族精神、弘扬传统文化而努力奋斗！

故宫博物院古建修缮中心原主任、国家文物局古建专家组成员

写于紫禁城造办处院内

2024 年 4 月 29 日

序

二

塔原本产生于古印度，是佛教的一种建筑，用来保存或埋葬佛教创始人释迦牟尼的舍利，古印度的塔有两种，一种埋葬佛舍利、佛骨的"窣堵波"（stupa），属于坟冢性质；另一种是称为"支提"的构筑物，内无舍利，称为庙即塔庙。东汉时期（25—220年），随着佛教传入我国，古印度塔也随之传入，当时汉字中还没有一个与"窣堵波"相对应的名称，佛塔传入我国时被译成许多名称，如窣堵波、佛图、浮屠等，魏晋时期（220—420年）的佛经翻译人员根据梵文佛字的音韵"布达"造出"荅"字，加上一个土字旁，表示坟冢的意思，便造出"塔"字，"塔"字首见东晋葛洪（283—363年）的《字苑》。古印度塔与我国固有的民族文化和传统建筑相结合，有了很大的变化和发展，古印度的"支提"发展为我国的石窟寺，而埋葬和供奉舍利的"窣堵波"则发展为佛塔。

我国古塔的发展大体分为三个阶段，从东汉到唐朝初年，古印度佛塔传入我国后与我国的儒家文化和传统重楼建筑相结合，形成了我国自己的木结构塔楼，称为楼阁式塔，我国第一座楼阁式塔建于东汉明帝时期白马寺东南的齐云塔。从唐代经两宋至辽金时期，我国的古塔达到了空前繁荣，塔的总量大幅增长，但由于木制塔易腐、易燃，开始建造大量的砖石结构的密檐式塔，最早的密檐式砖塔为登封嵩岳寺塔。同时亭阁式塔、花塔、金刚宝座塔也大量涌现。从元代经明代至清代，随着藏传佛教（喇嘛教）传入我国内地，一种造型庄重、体形硕壮、充满异域情调的喇嘛塔出现在中国古塔的行列中。明代时期，风水塔盛行，这些风水塔主要通过堪山理水，补地势、镇水患、引瑞气，塔的建造被视为地脉兴而人文焕的大事，明清科举之风盛行，文峰塔的建造十分常见，地方上官员和乡绅都极受重视。

塔的文化意义，我国古塔大致有三个方面的文化特征，宗教文化、世俗文化和审美文化，宗教文化是由于我国古塔延续古印度佛塔文化的主要特征，表现为建造理念上多为弘扬佛法目的，装饰上多用一些佛教题材的内容，平面布置上具有宗教含义。世俗文化是在借助佛塔神秘的力量达到登高览胜、瞭望警戒、补充风水、振兴文风等功能。审美文化方面表现在人们敬佛礼佛、趋吉避凶地追求美好生活的心理需求，以及中国古塔上体现的形态之美、雕刻之美和造型之美。

苏州历史上建造有多少古塔很难统计，据绘制于南宋绍定年间的《平江图》为我们留下珍贵的历史资料，当时苏州城（宋代叫平江府）城里有报恩寺塔、瑞光塔、万岁院双塔、妙湛寺塔、白塔、虹塔等14座塔，城外还有云岩寺塔、半塘寺塔、枫桥寺（寒山寺）塔、天平山塔、灵岩山塔5座塔，总计共有19座。另据地方文献整理苏州古塔情况，苏州历史上曾有100多座塔，目前仍保存完好的古塔有20多座。苏州历史上建造最早的古塔是瑞光塔，东吴赤乌十年（247年），孙权为报母恩，在盘门建造一座十三层的舍利塔，该塔于北宋景德元年（1004年）重建，八面七层。苏州建造古塔的高峰时期为南朝萧梁时期（502—557年）和宋代。苏州建造古塔的主体为皇室成员、僧人、地方官员、乡绅和平民。苏州建造古塔的原因报恩亲人、埋葬舍利、纪念事件以及风水之用。

由于古塔建造年代久远，又属于高层建筑，囿于当时的科学技术，或多或少存在一些问题，有的因地震或雷击劈裂，有的因地基不匀沉陷倾斜，有的因年久表面风化剥蚀。因此，古塔每隔一定年代就要进行维护修缮。苏州思成古建园林有限公司长期致力于古建筑特别是以宝塔为代表的古建筑修缮工作。古塔建筑都为文物建筑，而且多为国家级重点文物保护单位，这些文物建筑是历史见证和人类文明的瑰宝，具有极其重要的历史、文化和艺术价值。文物修缮工作以不改变原状为原则，进行原材料保护、原有风貌保护、结构保护和功能保护，因此对文物修缮工作技术和方法要求非常高。以苏州思成古建园林有限公司朱兴男董事长为代表的香山帮匠人对修缮古塔过程中面临的各种艰辛和挑战一丝不苟，他们对每一个项目进行修缮调研，制订详细的技术方案，体现出他们对文物建筑的敬畏之心和对传统文化深爱之情，他们对每一座古塔认真的工作态度和细致的应对措施，包括对修缮方案再三推敲、准备工作认真充分、修缮工艺精心设计、建筑材料精心匹配、修缮过程有条不紊，作为文物属地管理部门看到由这样的公司承包放心，作为文物主管部门看到由这样公司修缮安心。

有感于斯，当朱兴男董事长邀我为他的著作写序时，我很愉快地接受，写了上面的话，并祝《匠心护塔：宝塔修缮档案》一书早日出版、面世。

苏州市文化广电和旅游局党组书记、局长

2024年元旦

自序一

思成古建的文物古建修缮之路

朱兴男

作为苏州思成古建园林工程有限公司（以下简称：思成古建）的创立者和主要工程的具体实施人，我满腹话语，欲与众人分享，包括我个人的学艺经历、思成古建的成长过程以及我们亲自参与、实施的各项工程的实践经验、技术创新和许多工程实施中的故事等，由于各种事务的羁绊，一直不能静下心来进行思索和整理。

时光荏苒，转眼自己已到了退休的年龄，在这个时间点上更觉得有写点东西的必要了，倒不是为了给自己"歌功颂德"和"树碑立传"，而是想将这些年的工作实践进行总结，对自己、对企业、对社会都有一个交代。

本人是 1977 年进入当时的苏州吴县斜塘建筑站，师从秦再根先生做瓦工，在师傅的指导下一步步接触古建筑、从事古建筑的修复工作，40 多年来与传统古建筑结下了不解之缘。回顾过往，我从 20 世纪 80 年代初苏州观前街黄天源和陆稿荐屋面维修项目开始，所参与的各种工程项目 500 余项，其中大多数都是古建筑项目，特别是具有文物保护性质的古建筑。可以说我是苏州市参与古建筑修复和维护工程项目较多的工匠。我和我的同事于 2006 年创立的"苏州思成古建园林工程有限公司"也是苏州市参与古建筑工程项目较多的公司之一。谈到思成古建，人们往往会和我国建筑历史学家、建筑教育家梁思成先生以及众多的文物项目进行关联。因此我写的这些文字中文物古建筑就成为一个不可或缺的话题。

文物古建筑的种类也很多，有殿宇、寺庙、牌楼、宝塔、堂榭、桥梁、亭廊、园林景观等。前段时间我对做过的工程项目进行了一番梳理，惊奇地发现：修造宝塔的经历一直贯穿我的人生过程，记得当年我在苏州文物古建筑整修所参与的第一个项目，就是苏州盘门瑞光塔的维修工程。这个工程虽然不是以我为主的修塔工程，但是给我留下的印象是极其深刻的。我有一种感觉：在冥冥之中似乎有一条无形的绳索，将我的个人经历与宝塔荣衰历程紧紧地捆在了一起。由此，我对自己主持的每一个宝塔项目都极其用心地修缮，这些宝塔工程对我来说，赚钱已经不是最主要的了，只要在我的经济条件范围内，我都会尽量将这个工程做好，即使不赚钱甚至亏损都在所不惜。说来也怪，从 20 世纪 80 年代盘门瑞光塔开始，经历了苏州双塔及附属建筑的维修、昆山千灯镇秦峰塔、石湖上方山楞伽寺塔、昆山白塔公园白塔、镇湖万佛石塔、虎丘云岩寺塔等一系列的宝塔修复、维护和重建工程，虽然经历了种种意想不到的事件，但最终都能圆满完成工程项目，且都没有亏损。对于我亲自参与全过程的项目，在修建过程中都作了一些简单的记录。如今翻看当年的点滴记录，当年的施工情节一一再现于眼前。重温这些情节，仿佛又回到了从前的时代，可谓历历在目、感慨万千。于是我决定，邀请当年一起参与修塔的同事们，共同回忆那些工程往事，一起来写一部我们参与的古建筑工程纪实系列丛书，以作为我们这批古建筑工匠从事古建筑工作近四十年的总结，系列丛书的第一部就以《匠心护塔：宝塔修缮档案》为开篇。

苏州思成古建园林工程有限公司董事长

国家级非物质文化遗产项目"香山帮传统建筑营造技艺"

江苏省代表性传承人

自序（二）

我在思成古建修宝塔

陆革民

本人从 1985 年进入苏州吴县斜塘建筑站，师从秦再根、朱兴男先生从事传统古建筑的营造工作，至今已经有三十九个年头了，其间分别担任过苏州文物古建工程处的项目经理、蒯祥古建园区分公司的技术经理等。2006 年朱兴男先生创立了自己的企业，即"苏州思成古建园林工程有限公司"后，我一直担任该公司的技术负责人。在师从朱兴男先生学艺的过程中以及在思成古建的创业、发展进程中，本人主持、参与过数以百计的古建筑、文物项目的修缮、维护和重建工程。

思成古建在创立之时叫"苏州思成古代建筑工程有限公司"，从名称可知，这是一家以"古代建筑"为主导，专注于古建筑工程的公司。在思成古建创立以来所完成的一百多项工程项目中，七成以上都是古建筑项目，其中大部分又是列入国家或省、市级文物保护单位的古建筑工程。非常有幸，我几乎参与了思成古建所有的古建筑项目。为此我感到非常自豪，作为一个古建筑行业的工匠，一生中能够接触并参与如此多古建筑工程，是非常幸运的。在古代，由于工具、材料、运输等诸多环节的限制，一般的古建筑营造项目耗时都很长，据说苏州园林中建造时间最晚的怡园就在园主人顾文彬和儿子顾承的规划中历时 9 年才得以建成。怡园正式完工时顾承已去世。都没能看到怡园的最终样貌。虽然顾承的早逝是有一定的客观原因，但是园林古建筑的建设周期漫长确实是一个事实。在社会飞速发展的今天，思成古建在成立不到 18 年的时间里，已经承建了一百多项工程项目，这在以前是不可想象的。虽然我承认，自己的技艺水平与历史上很多著名工匠相比还存在较大差距，但就参与工程项目的数量而言，我应该是超越前人的。

现在思成古建打算将这几年我们的项目进行一下梳理，将所有工程分门别类进行总结、汇集和出版，其中第一部就是《匠心护塔：宝塔修缮档案》。当编写人员找到我，让我一一回忆这些年来修造宝塔的过程和修建中的故事，我的记忆却有些模糊了，幸好从计算机保存的资料中还能搜寻一些当年拍摄的照片和记录，可以借助这些资料来作一个总体回顾。

对于往事的回忆总是一种费脑、费时的过程，当我翻开这一幅幅当年的现场照片时，总会随着思绪回到当初的那个时间，这些宝塔项目有的破烂不堪、危机四伏；有的坍塌残损、杂草丛生；有的面目全非，几近倾覆；有的甚至实体全无，仅存文献记载……我们进入现场后，与文物专家、古建筑专家和很多文史工作者一起，查询资料、探查结构、汇总造塔时的社会形态和地貌结构，从中寻找到很多建造时的蛛丝马迹，并将它们汇总到施工方案中，每一座宝塔都力求做到精准还原旧时风貌，尽可能让宝塔更逼真、更全面、更安全地展现给每一位参观者。为此我们付出了很多，但我们修造的宝塔项目也获得过各级文物保护部门授予的优良工程称号，得到了社会的认可。

通过对宝塔修缮过程的回忆，使我不禁有些吃惊，在思成古建工作的这些年，我们一起承建的宝塔工程竟然有十几座之多，经过回忆和整理，我们从中精选出十座宝塔，向大家进行分别讲述工程经历，从而形成了这本《匠心护塔：宝塔修缮档案》。不足之处，希望得到读者的批评指正。

香山帮瓦工技师、高级工程师
苏州思成古建园林工程有限公司总工程师兼副总经理
国家级非物质文化遗产项目"香山帮传统建筑营造技艺"区级代表性传承人

目 录

上篇 说塔

下篇 修塔

匠心护塔：宝塔修缮档案

上篇　说塔

第1章
宝塔的建筑风格
与结构

宝塔是中国传统建筑中一种较为特殊的建筑形式。宝塔的形成历来有多种说法，最普遍的认为：宝塔这种建筑形式大致形成于公元前 5 世纪的印度，当时佛教的创始人释迦牟尼去世，他的弟子和崇拜者便建造"宝塔"建筑来存放舍利，同时也便于人们纪念和瞻仰这位佛教世尊。最初的宝塔层数很少，形体较矮，就像一个倒扣的钵盂，因此也叫作"覆钵式"塔，在印度称为"窣堵波"（梵文音译）[发音 sū dǔ bō]，图 1-1 为典型的窣堵波。宝塔的原始形态"窣堵波"现在很少见，山西五台山佛光寺的智远禅师塔就是中国境内较为知名的一座"窣堵波"。图 1-2 为我国境内的"窣堵波"——五台山佛光寺的智远禅师塔。

▲图 1-1　典型的"窣堵波"

▶图 1-2　我国境内的"窣堵波"——五台山佛光寺的智远禅师塔

　　"窣堵波"大概在东汉时期随佛教传入中国，此后它与中国的传统建筑形式相融合，便出现了多层高耸的建筑形式：宝塔。

　　在苏州地区，有记载最早的宝塔是盘门瑞光寺中的舍利塔，相传这座宝塔始建于东吴赤乌十年（247年），是三国时期东吴的孙权为报答母恩而建。后来这座宝塔多次重建，现在我们在原址看到的是建于宋代的七层瑞光塔（图1-3为目前的七层瑞光塔）。

　　由于中华传统建筑以木结构为主，宝塔也大多修建成木结构，木材很难经历长时间的保存，所以我们现在看到的大多数宝塔都称始建于南北朝时期或者更早，其实现在能见到的都是宋代以后修整或重建的。虽然修造宝塔的材料和结构可以有多种，如砖木结构、纯砖结构、砖石结构等，使宝塔在结构技术和建筑艺术上都更趋完美，也大幅度延长了宝塔的存在寿命。但也必须时不时地对宝塔进行维护和修缮，这也成就了"修塔"这项古建筑行业的专门技术的形成。例如苏州的瑞光塔，从三国时期修建的第一座舍利塔开始，就经历过多次损毁与重建，到了宋景德元年（1004年）至天圣八年（1030年）的重修，瑞光

◀图1-3　目前的
七层瑞光塔

塔才形成了现在的形态。此后有记录的就有：南宋淳熙，明代洪武、永乐、天顺、嘉靖、崇祯，清代康熙、乾隆、道光、咸丰、同治等时期以及中华人民共和国成立后的 1954 年、1979 年、1987 年、2013 年的维修记录，最终形成了现在瑞光塔的七层八面砖木结构楼阁式宋塔形式。

为了便于讲清楚宝塔的维修技术，我们必须先了解一下宝塔的基本结构。前面说过，我国的宝塔是一种特殊的建筑形式，它虽然源于古印度"窣堵波"，但还是大量吸收了我国传统的建筑工艺，现在的宝塔已经不限于是一种专门用于存放高僧舍利的佛教瞻仰物了，还具有了躲避风雨、登高远眺、地标指示和宝物收藏、驱魔降妖、导引航向等多种功用。随着建造技术的发展，宝塔的层数也能不断增多，最多层数的宝塔可以达到三十七层，但这实际上都是实心宝塔，仅作为一种宝塔的造型展现。现存宝塔最高的可达十五层，一般多见七层或九层。

宝塔的分类有很多方式，可以从造型来分、从结构来分、从材料来分、从层数（高度）来分等，为了便于本书"下篇"中的叙述，这里就按照宝塔的结构来简单说明宝塔的类型。

尽管宝塔存在建筑材料和建造方法的不同，但宝塔的主要构造是基本相同的。一座宝塔从下至上大致可分为地宫、塔基、塔座、塔身、塔刹 5 个主要构造部分（图 1–4 为宝塔结构示意图）。部分宝塔，特别是南方地区的宝塔一般没有地宫，江南地区由于有特有的"梅雨"季节，地下较为潮湿，所以苏州的宝塔一般不设地宫，而由宝塔高层的"天宫"取代。早期的宝塔一般都没有塔座。

▲ 图 1–4 宝塔结构示意图

塔刹

宝塔屋顶
塔檐

戗角

平座

壸门

斗拱

倚柱

塔身

塔座
塔身外墙

塔基

部分宝塔地下有地宫
用于安放高僧舍利

地宫是宝塔的地下部分，一般垂直于宝塔底部或略偏于宝塔底部，地宫的大小取决于建造宝塔时的财力或要埋藏物品的多少。多数宝塔地宫是用来安放高僧的舍利和寺庙收藏的经卷或珍宝，所需的容积并不大，仅相当于一个地窖的大小。有些宝塔的地宫要用来埋藏大量珍贵财宝或佛教圣物，甚至就是为了这个目的才修建宝塔的，因此这种宝塔地宫会修建得极其庞大和精致，如陕西扶风法门寺舍利宝塔地宫。这个地宫是由于1981年8月法门寺的一座明代修建的唐代宝塔突然倒塌，文物工作者在维修宝塔时意外发现了宝塔地宫的存在，在地宫里发现了世间罕有的释迦牟尼佛指骨舍利、宝珠顶纯金塔、两面十二环纯金锡杖等珍贵文物，还有大量金银器、秘色瓷器，琉璃器和八重宝函。图1-5为坍塌的法门寺舍利宝塔，图1-6为法门寺地宫发现的佛指舍利，法门寺地宫有前室、中室、后室，面积约32m²，是迄今发现的面积最大的佛塔地宫，图1-7为法门寺地宫。

◀图 1-5　坍塌的法门寺舍利宝塔

▲图1-6 法门寺地宫发现的佛指舍利

▲图1-7 法门寺地宫

塔基顾名思义就是宝塔的基础，塔基分为塔基和塔座两个部分。我们所说的塔基一般是指宝塔露出地面的那一部分基础。早期宝塔一般都只有塔基，没有塔座，塔基的高度一般不高，也不做雕饰。多用砖石等建筑材料砌成，塔基的形式比较简单。唐代以后，出现了塔座，由于早期塔基较低矮，故在塔基上就加上了一个专为承托塔身的座子，称为塔座。塔座比较高大，石砌的塔座更显得坚实、稳定，图1-8为苏州北寺塔的须弥座形式塔座。塔座上还会雕刻各种佛像、金刚以及花草纹浮雕，用塔座来承托高大的塔身，显得整个宝塔上下比例匀称、庄严坚实，图1-9为北寺塔须弥座塔座的浮雕图案。

▲图1-8　苏州北寺塔的须弥座形式塔座

▲图1-9　北寺塔须弥座塔座的浮雕图案

塔身是宝塔最主要的部分，一座宝塔高几层、有几面、结构形式、建筑特点以及外形、色彩、装饰、风格等都在塔身上得以体现。宝塔的每一层都有像走廊一般的观景平台，称之为"平座"。塔身平座采用的建筑方式和造房子大致一样，木结构上也基本用传统梁式结构；砖塔则用砖石材料以叠砌、发券、叠涩等方法建造。砖木混合结构的宝塔也是在木结构的基础上再砌上墙体，还要根据设计要求修建廊道、栏杆、屋檐、戗脊、倚柱、斗栱等构件。图1-10为应县木塔的外形构造，图中所有构件的制作和安装都和楼、台、馆、所等建筑相同，只是宝塔建筑更要考虑承重、层高比例等特定因素。

◀图1-10 应县木塔的外形构造

下面由内而外分别介绍宝塔的构造：宝塔的塔身最中间是塔心，塔心有空心和实心两种，实心宝塔一般是体型较小的宝塔，这种宝塔多数是石塔、砖塔和金属材料铸造的宝塔，除了在宝塔的顶层或宝塔身外侧雕刻有佛像等图案或留有小面积的空间用来放置佛像、灯具或其他物品外，实心宝塔的内部空间是不能进入的。其实此类宝塔并不是真正意义上的宝塔，图1-11为宝带桥石塔。空心宝塔大部分是可以用来登高临观的。这种宝塔的塔心大多用砖造，四面砌成塔壁，围成一个空筒形成塔身。外围的塔檐、平座、栏杆等用木构件制作。自第二层起每层都有挑出塔身的平座，平座是依靠砌在塔壁内的挑梁式斗栱支撑。虽然出挑很小，却足以使人能走出塔身，在平座上眺望四周的景色。筒式塔身，各个塔的

▲图 1-11　宝带桥石塔

塔壁厚度大多逐层递减，使塔的外轮廓形成优美的弧线。也有宝塔采用了内外两个空筒，仿佛小塔外面又套了一个大塔，称为双套筒式结构。用来登塔的木楼梯大多布置在内、外塔壁之间的回廊中，图 1-12 为宝塔的登塔楼梯。还有砖壁木楼层塔身和砖壁砖楼层塔身，前者是在砌筑砖石塔壁的时候，就预先留出搁置楼板枋子的位置，并用叠涩砌法将砖逐皮挑出，以缩小枋子的跨度。塔外壁每层均用砖砌出柱、

阑额、斗栱，也用叠涩砌法形成出挑较小的砖挑檐和平座，模仿木塔的形式，图1-13为定慧寺双塔的砖砌仿木结构构件。后者宝塔层间的连接已不用木楼板枋子，而是以砖用叠涩砌法连接上下左右，使塔身构成为整体。也有将砖壁木楼层塔身和砖壁砖楼层塔身两种形式混合使用的，如苏州瑞光塔，它的一层至五层在塔的中心有砖砌实心塔心柱，楼层也是用砖叠涩法构成。六层

▲图1-12　宝塔的登塔楼梯

▲ 图 1-13　定慧寺双塔的砖砌仿木结构构件

和七层中心则用灯芯木，塔楼为木楼层，图 1-14 为苏州瑞光塔五层的砖砌实心塔心柱和六层的木楼板、图 1-15 为宝塔塔心木加工现场。塔心的外围就是塔檐、平座、栏杆等构造，这些构造每层都基本相同，共同组成了宝塔的外观形态。我们现在看到的各种宝塔基本上是苏州典型的宋代建筑风格。

▶ 图 1-14　苏州瑞光塔五层的砖砌实心塔心柱和六层的木楼板

宝塔的顶端是塔刹，有人说塔刹是一座宝塔的灵魂，塔刹自下而上大致由刹座、覆钵、仰莲、铁链、相轮、宝盖以及宝珠顶等多个构件组成，图 1-16 为宝塔塔刹结构示意图，塔刹最早是用砖砌而成，后来一般用金属材料铸造而成。相传印度的"窣堵波"传到我国后，与我国的建筑进行了有机融合，形成了"上累金盘，下为重楼"，可以用来置放宝物的建筑形式，所以被称作为"宝塔"。其实塔刹从外形来看就像是一个缩小的宝塔，最下面的刹座就像是塔座一样承载着整个塔刹，刹座的形式一般有须弥座型、仰莲瓣型、忍冬花型、素平台型等几种，有些刹座内还设有刹穴，用来放置佛像、舍利子、佛经等物品。刹座上面是覆钵和仰莲，覆钵的形状像一个翻过来放置的钵，仰莲就是一朵仰面向上的开放莲花形状。钵和莲花都是和佛教有关的物品，它们出现在宝塔的塔刹上说明宝塔与佛教之间的某种渊源，覆钵和仰莲的作用都是加强和稳固塔刹上面的刹杆、相轮等构件。唐代以后在仰莲上面有的又出现了一个铁桶状的构件叫"露盘"，这些构件的出现，可能是与塔刹中不断加高的塔刹杆和日趋艺术化的相轮圈有关。上层的加高、增厚使得整体重量不断增加，这就对基础底座提出了更高的要求：刹座上的覆钵和仰莲、露盘等必须具有较好的承重能力和稳固性，因此塔刹的刹座也在不断地加重和增大，陆续出现了露盘、用薄钢板多层外包木质塔刹杆等构件设置和金属件的浇铸、焊接等操作工艺。有些宝塔的塔刹还用铁链将塔刹与宝塔的顶层相连接，以加强塔刹的稳定性。仰莲的上面是刹杆和围绕刹杆的扁圈状装饰物"相轮"。刹杆是通贯全刹的中轴,也叫"塔心木",为了防止高耸的塔刹被风吹倒,塔心木要插入宝塔内部。塔心木下端大多用横跨在塔壁上的方木固定,塔顶内也用木构件支撑塔心木。塔心木的高度在 10 ~ 20m 之间,由于在古代没有起重机等起重设备,如何将这样长的塔心木吊至 30m,甚至 50 ~ 60m 的高度?还没看见文字记载。有人推断,可能是每砌高一层塔身时,塔心木就随之升高,这样,就从底层逐层升至最高层,每次只要提升 3m 左右的高度,这样就巧妙地解决了这一施工难题。相轮最上面是"宝盖"。宝盖的上面就是塔顶了,塔顶主要有宝珠顶、葫芦顶、宝瓶顶、尖顶等。现在还要求在塔刹顶端加装避雷装置等。

塔刹的作用大致可以分为两个方面。在建筑结构上起压盖、固定塔顶屋面构件的作用;在建筑艺术方面起突出塔的形象作用,所以塔刹的艺术处理是塑造宝塔形象的关键所在。

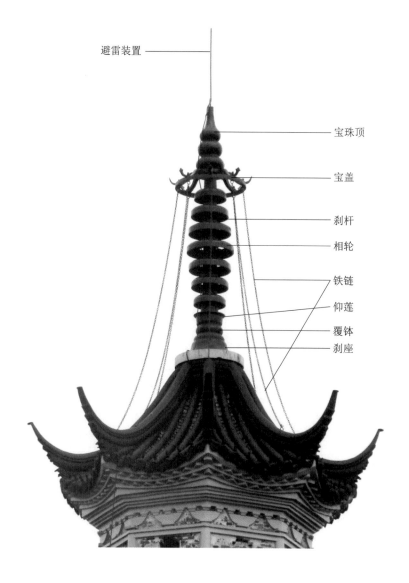

避雷装置

宝珠顶

宝盖

刹杆

相轮

铁链

仰莲

覆钵

刹座

◀图 1-16　宝塔塔刹结构示意图

第 2 章
宝塔修缮工程的
特点与遵循原则

　　宝塔一般都是有悠久的历史或是在当地有较为重要地位的知名建筑物，大多属于文物建筑的范畴。因此宝塔的修缮和维护就是对文物建筑的修缮和维护，与一般的古建筑工程不同，有其自身独特的要求。

　　在说宝塔维修工程的特点之前，我们首先要说一下文物建筑的概念，文物建筑是指具有历史、艺术和科学价值的古建筑，它们是文化遗产的重要组成部分。对于研究历史文化、建筑艺术等方面都具有重要意义。文物建筑包含历代人们的生活、思想以及价值观，体现不同时代的特征和审美价值，是人类重要的物质文化遗产。简单地说：文物建筑就是具有历史文化特征的建筑物。对于文物建筑的维修要最大限度地尊重和保留建筑中的历史印记和文化特色。

　　文物古建筑修缮是一门学科。我国对这门学科进行系统研究的时间并不长。欧洲早在 18 世纪、19 世纪就提出了"纪念物保护"的概念。我国在 20 世纪 30 年代，由梁思成先生和他的同事们开始进行基于保护古建筑为目的的寻访探查和用测绘手段进行整理、记录古建筑的调研活动，图 2-1 为梁思成夫妇开展古建筑调研测绘工作，但当时的目的主要以调研摸底为主，对于古建筑的修缮并没有提出根据古建筑特点而落实的具体要求。真正系统地提出文物古建的修缮这一概念是在中华人民共和国成立之后才开始并逐步发展完善起来的。

我国对于文物古建筑修缮研究的起步较晚，但是成果较为显著。目前世界上对于文物的保护问题所依据的条文主要是 20 世纪 60 年代通过的《威尼斯宪章》，其全称为《国际古迹保护与修复宪章》，这个文件在 20 世纪 80 年代被引入我国，我国的很多专家在研究后对文物的修复有了一个全新的认识。《威尼斯宪章》提出的对文物建筑保护的原则，对于中国古建筑的修复启发很大。《威尼斯宪章》提出：（对于古建筑的维修）最好是把零散的构件进行规整，把原来解体的构件放回到原来的位置上，保持它们的"原真性"就可以了，不需要进行"焕然一新"的修复和改造。在此之前，中国的建筑物修缮出发点比较强调的是复原，面对一个建筑，如果它是一座在宋、元、明、清和民国各个时期都有修缮和添加的唐代建筑，大家都会觉得唐代是它的初建时期，也是最高价值的体现，我们应该把它恢复到唐代的最标准模样，但事实上现在已经没有确切的资料能够证明这座建筑在唐代是什么样的了。这时候的复原就只能根据猜测或其他保留有资料的唐代建筑的信息来进

◀图 2-1　梁思成夫妇开展古建筑调研测绘工作

行复原修复，这样就很难保证修复的建筑物就是它在唐代初建时期的模样，给人的感觉只会是与周边环境的冲突与不协调。引进《威尼斯宪章》以后，人们重新检讨整个历史建筑复原的过程，觉得以前的做法其实有很多东西是做"过头"了，实在没有必要凭借自己或专家的感觉去做一个没有确切记录的建筑。这样修复完成后的建筑感觉是保持了建筑物的"原真性"，但是这种无法考证的"原真性"其实已经极度"失真"了。随着我国加入世界遗产公约，按照公约相关的保护原则，《威尼斯宪章》的很多思想就融入中国的文物保护中，"少干预"、保护历史信息、复原需要非常谨慎等内容和概念已经深入人心，图 2-2 为 1964 年《威尼斯宪章》编写核心团队合影。

　　文物是有价值的，它可能具有很高的艺术水准，是人类创造性智慧的结晶，在修缮文物建筑的时候就必须重视文物的价值，不能将它等同于一般的建筑。文物的价值还在于它是一个历史信息的承载者，它见证了某一个历史事件，或者某一段历史时期，在保护的时候就要关注于怎么样将这些与历史事件、历史人物、历史变迁过程相关的信息进行最有效地保存和体现。

　　对于文物古建筑的修复，首先要全面了解这个建筑物的建造目的以及它的历史沿革，还要搞清楚从初建到现在经历过多少次损毁和重建，最好查到每次重建的详细过程和去除及添加的具体内容，并在当地文物部门和地方志专家们的主持下制订好详细、完善的修缮计划和方案，对于一些重要文物古建筑的维修还要将方案上报，等获得有关部门批准后才能开始施工的各项准备工作。在施工过程中材料要尽量使用原材料，对于一些现在已经不好找到的材料可以用现在的同类型材料进行替换，但对于替换的地方和面积要进行详细记

载，以便今后再次维修时可以有所参考；由于材料的改变必然会导致工艺手法的改变。最常见的是砌墙，由于古代的砖以土坯砖为主，这种砖现在已经很难找到了，我们会用现在的小青砖进行替代，小青砖的规格和古代的土坯砖是不同的，在操作工艺上现在多用水泥进行粘合，以前是没有水泥这种材料的，虽然用水泥和小青砖来替代土坯砖和传统砂浆来砌墙，在墙体的强度上会得到提高，在外观上也看不出很大的区别，但是古建筑本身所蕴含的那种传统的工艺气息却被破坏掉了，因此在使用替代材料时必须慎之又慎，在操作的同时做好记录，为后来者做好一份研究和维修的档案材料。

对于文物古建的维修还必须坚持做到以下几条要求：

（1）注意文物建筑的价值保护

每个时代的建筑都有它们初期建造时的那股特征与气息，我们现在来维修旧宅，主要是要让它那种初期建造时的特征气息尽可能多地得到保存。通俗地说就要做到"修旧如旧"，这里的两个"旧"字所指的事物是不同的，第一个"旧"字是指在修复过程中要用原有的旧材料和原有的旧工艺进行修复；第二个"旧"字指经过修复后的建筑还要保持以前那种旧的风貌特征和总体气息。这种气息不能理解为要仍旧保留建筑在维修前的那种破落、颓败的状态，因为这样就失去了对古建筑进行修缮的意义。修复后的古建筑一定要呈现出全新的状态，但也要让人一眼就能看出修复的建筑与新建的建筑有明显的不同。其实要做到这一点是不简单的，古建筑修缮过程其实就是一个再造和干预的过程。再造的内容多了就会造成对文物价值的损害，古建筑的原来风貌会受到破坏。如果没有了再造，对于某些现今已经失传的技术我们就会束手无策，古建筑也无法恢复，对于最新的保护手段也不能应用和检验，古建筑的保护也无法进行，古建筑也难以保存下去了。如对于宝塔维修的安装避雷装置这个环节，图2-3为在宝塔顶端安装避雷针，很明显看出这是现

代的东西，在古代是没有的。但为了保护宝塔的安全，现在是必须要增加的。这个过程就需要安装引雷的"避雷针"和开挖接地装置"避雷井"，其中避雷井是挖在地下的，不影响外观形象，而避雷针需要接在塔刹的顶端，要是设计和安装不合理就会影响宝塔的外观形象。这就是一种新的古建筑维修，特别是宝塔维修所遇到的新问题，一定要在文物古建筑的维修项目中得到重视并给出施工建议和外观设计方案，便于古建筑专家进行研讨。

▼图 2-3　在宝塔顶端安装避雷针

（2）要对古建筑的本身做到最小干预

最小干预的原则，就是要尽可能地保持文物古建筑的原样。古建筑的维修就像给人体做手术一样，既要通过手术让人体恢复原有的机能，又要尽可能地保持原有器官的完好性，因此对于文物古建筑的修复要求尽量地保存文物建筑原有的部分，尽可能地少去改动文物建筑原有的材质、结构、外观等重要内容。需要维修的古建筑，其实就是因为建筑的某一部分出现了问题，要解决存在的问题就要对这部分有问题的部分进行改造或更换。这就会对建筑产生某种改变。文物古建筑的修缮，要尽量少地去改变它，做到"非不得已不做改变"，这样才能更多地去保留能够体现艺术价值、历史价值或是文化价值的部分，要尽量把这些有价值的东西都留下来。

（3）文物古建的修复要做到"尊重原貌，修旧如旧"

这个原则可以说是对文物古建筑修复工程的基本要求，也是实践中较难做到的一条。本身"修旧如旧"这四个字对于每个古建筑修复的操作人员来说都有不同的理解，从字面意义来理解，所谓"修旧如旧"就是要求所修缮的文物古建筑要和那个建筑旧时的形态相一致。甚至有人认为，经过维护修缮的古建筑仍然要呈现出"旧"的风貌，其实这种理解是很片面的。一般认为，"修旧如旧"是指修缮工程中要用原材料、原工艺进行修复操作，使修复后的建筑保持旧时的风貌。在现今的社会一方面由于原材料的减少和各种替代品的出现，使得我们要寻找到古建筑在初期建造时采用的材料已经很困难了，再加上现代的各种材料的处理手段使原材料的性能也会发生一定的改变；另一方面，由于工艺技能和操作流程，在流传的过程中也会存在更新和改变，任何工匠都不能说现在的工艺就是一丝不变地保持纯正的传统流程，由此"使用原材料和保持原工艺"的说法其实就成了一句空话，它只能代表文物古建修复工程中的一种愿望。我们所能做到的就是尽量少地更换原有建筑物的构件，尽量少地使用现代的技术和原料，使修复后的古建筑尽量多地体现出原有的风貌特征。

（4）古建筑维护工程也要求做到"传承与创新"

传承和创新其实这是一个哲学层面讨论的问题，"传承"强调的是"一成不变地进行继承"，"创新"则是要大胆地应用一切当代的最新的研究成果来使文物得到最大限度地保护。这是事物的两个方面，有时它们是相互依存的，有时又是彼此对立的，甚至是水火不容的。需要实际操作人员对修缮的对象有一个总体的认识和把控，明确所做的一切工作第一是保障安全，第二是对损坏部分进行修补，这种修补以"保存对象的现有形状"为出发点，在实施过程中为了更好体现原有形态是允许采用目前最新的科技成果来达到或增强某些技术要求的，但切不可为了图省力而盲目使用新材料和新技术。如何来把控新材料、新技术在古建筑维修工程上使用的"量"和"度"？除了作整体客观分析外，还要请一些文物专家、历史专家、民俗专家甚至邀请一些当地的居民进行探讨和研究，制订最佳施工方案，然后要严格按照施工方案的要求进行修缮，如果在维修过程中出现了新的问题，需要再次进行讨论，重新修订维修方案后再进行施工，这里绝不允许施工人员根据自己的经验不经呈报和批准擅自改变原有的施工方案进行施工。

对于文物古建筑的维护项目，我们并不反对在施工过程中进行"创造性发挥"，采用现代科技的最新技术和材料来进行修缮。这种应用的目的是更好、更长久地使文物古建筑得以存留下去。新材料和新技术在使用前一定要进行全面的测试和实验，在各方面满足要求后才能用到实际工程中，一定不能把重点放在追求"创新"方向，不能把古建筑变成设计人员和工程施工人员展现自己"才华"的场所和新材料的实验样本。

今天，在文物的保护、修缮这个行业已经基本上形成了一个共识，就是修缮施工应该保护好文物古建筑上有价值的部分。中国建筑科学的开创者梁思成先生认为：我们对于文物古建筑的修复过程中不能去表达自己的创意，刻意要在建筑上留下自己的"痕迹"，应该充分尊重原有的建筑遗存。例如有些古老的建筑木构件由于漏水、虫蛀等原因已经朽毁，一时又找不到原有的同类材料进行修复替换。在这种情况下可以采用不同类型的材料进行替换，有时为了整体的牢固和连接的强度需要，在不影响外观和形状的原则下可以采用全钢、塑料或合金等现代材料进行替换，只要做到在外观、色泽和结构造型方面与原材料构件相一致就行。如水泥等辅助材料现在已经替代传统的纸筋、砂浆，因为其在强度、性能和施工的简便程度上已经大大优于纸筋、黄沙和石灰等材料组合成的墙体胶粘剂。还有一些现代化工合成材料，在防水、防蛀和增加强度等方面有很强大的优势，可以使古建筑在某些方面的性能得到十分有益的提高，进而进一步提高古建筑的寿命，对于这一类材料和技术的使用，在有充分论证的基础上，上报有关部门批准后也是可以进行局部或较大面积使用的。

总之，随着文物保护工作的开展，我们所面对的对象也越来越复杂，对于那些仍然保持着居住功能的传统民居建筑，在保护文物的原真性之外还必须考虑提高人们的生活居住条件，使居住在传统民居中的人们也能享受到现代生活的高质量。因此，在民居维修过程中也会考虑在其中增添一些现代化的功能，如采用木包铝仿古中空双层玻璃的门窗替代原有木结构的门窗，以此增加建筑的密封性能，使空调等家用电器可以发挥作用，改善人们的生活。

对于相同年代的不同建筑，要深入调查研究后给出不同的维修方案，比如对于控制区内某处古建筑物进行维修和对同时期的古村落的改造维修，尽管它们的建造时间相同，保护级别也差不多，但是在维修的时候，针对不同的对象既要尊重和应用《威尼斯宪章》等法律文件的规定，也要存在一定的灵活性。最终形成我们自己的面对各种各样不同对象的维修改造方案，形成中国特色的基于中国文物对象基本情况和特点的保护、维修的原则和方法。

匠心护塔：宝塔修缮档案

下篇 修塔

第3章
宝地经幢但寂寞
宋塔砖字空斓斑

——甲辰巷砖塔修缮（砖塔的修补与置换）

姑苏区甲辰巷砖塔修缮工程简表

宝塔名称	甲辰巷砖塔	宝塔级别	全国重点文物保护单位
坐落地址	苏州市姑苏区甲辰巷内	工程时间	1998年5月—1998年12月
建设单位	苏州市文物保护管理所		
设计单位	苏州市东南文物古建筑研究所		
施工单位	苏州文物古建筑工程处中标，苏州思成古代建筑工程有限公司承建		
监理单位	无		
工程主要内容	修复损毁的斗栱，壶门券栱、仿木斗栱、叠涩砖等砖件		
项目负责人简介	朱兴男：苏州思成古建园林工程有限公司的创立者，参与过苏州文物整修所、苏州文物古建工程处和苏州思成古建园林工程有限公司绝大多数工程项目的策划、设计和施工。这些项目多次被评为"江苏省文物保护优秀工程奖""江苏省文物保护优秀技术奖""苏州市文管会优良工程"等		

甲辰巷砖塔是苏州现存唯一保留的宋代砖塔，也是苏州思成古建园林工程有限公司创立初期的修缮项目，当时公司的名称还叫作"苏州思成古代建筑工程有限公司"，这个项目是由苏州文物古建筑工程处中标后再由苏州思成古建园林工程有限公司（以下简称：思成古建）来承建的。

甲辰巷砖塔位于苏州城内东部的一条小巷"甲辰巷"内。该塔全部为砖砌，含塔刹高6.28m，底边宽0.51m，直径约1.2m。甲辰巷砖塔为五层八面仿木楼阁式宝塔，八个面上都设有壶门和隐出的直棂窗，各层门、窗的方位交错设置，内部方室也逐层转换45°，图3-1为甲辰巷砖塔现状。据苏州的文献资料《吴门表隐》记载，苏州城中曾有七座小型砖塔，多为宋代所建。由于所经时代久远，大部分都已坍塌或遭人为破坏而不复存在了，甲辰巷砖塔是现在仅存的一座。民国时期塔身曾被围入民房。1991年，被列入苏州市文物保护维修项目，当时仅拆迁等前期工作就进行了一年半，1993年开始维修，加固了底层，修复了各层塔檐、翼角、平座，补齐了斗栱等构件，还重建了甲辰巷砖塔的第五层和塔顶，制作安装了塔刹，并在拆除民房的地基上开辟了塔院。这座砖塔其实并不是真正意义上的宝塔，只是一座宝塔形状的经幢，并没有确切的砖塔名称，人们就根据砖塔所处的位置称它为"甲辰巷砖塔"。《吴门表隐》将这处砖塔谓为"城中七塔"之第二。由于甲辰巷砖塔可能是宋代遗物，受到了社会各界的关注，虽然甲辰巷所在地段并非苏州市的闹市区，每天仍吸引无数的参观者。甲辰巷砖塔1982年被列为苏州市文物保护单位，2006年升级为江苏省文物保护单位，2013年升级为全国重点文物保护单位，图3-2、图3-3为全国重点文物保护单位石碑和铜牌。

　　思成古建维修甲辰巷砖塔是在1998年，

▲图3-1　甲辰巷砖塔现状

▲图 3-2　全国重点文物保护单位保石碑　　　　　　　　　　　▲图 3-3　全国重点文物保护单位铜牌

当时砖塔已列入苏州市文物保护单位，因此维修的过程也必须报文物部门审核。通过多次的现场调研，发现甲辰巷砖塔当时存在的主要问题是长时间的维护不到位使塔身的砖件发生严重的风化腐蚀，图 3-4 为塔身砖块出现风化腐蚀，在檐口、叠涩砖、门的券拱、仿木的斗栱、戗角等处损坏比较严重，图 3-5 为砖塔戗角风化损坏、图 3-6 为壸门券拱有损坏、图 3-7 为风化断裂的仿木戗角。另外，宝塔的保护措施也很不到位，虽然砖塔的外围有栅栏保护，限制一般游客随意进入。但在砖塔的周围，居民和工作人员在塔体上堆放了很多杂物，对原已风化的宝塔造成较大影响。图 3-8 为叠涩砖、斗栱出现风化、图 3-9 为塔体被堆放杂物。

甲辰巷砖塔是在青砖铺地的基础上铺设七批砖块后建造的，图 3-10 为甲辰巷砖塔的基础，由于甲辰巷砖塔的总重量并不算重，因此对于地基的要求并不高，经观察发现，现在的甲辰巷砖塔并没有出现地基不稳或沉降、倾斜等问题。甲辰巷砖塔整体是用砖实心砌筑，也不存在塔心木朽烂等古代宝塔所经常出现的问题。对于甲辰巷砖塔的维修主要就是对于一些风化严重和损毁的砖件进行更换，对缺损的砖件进行补齐，这就在维修方面很大程度降低了技术上的难度。这个工程的主要的难度就在于要找到相同性质的砖件材料来进行修补和更换。由于甲辰巷砖塔是一个塔形的经幢，它使用的青砖不是一般建筑物上通用青砖规格，各种仿木的砖构件也无法找到现成的砖料可以使用。

▲ 图 3-4　塔身砖块出现风化腐蚀

▲ 图 3-5　砖塔戗角风化损坏

▲ 图 3-6　壶门券拱有损坏

◀图 3-7　风化断裂的仿木戗角

▲图 3-8　叠涩砖、斗栱出现风化

▲图 3-9　塔体被堆放杂物

▲图 3-10　甲辰巷砖塔的基础

　　另外还有一个不确定因素，现在只知道甲辰巷砖塔可能是宋代建造的建筑，并不知道它的确切建造年代。苏州市文物保护管理所的同志提供了他们以前用"热释光"抽样测定结果：此塔有些部位和构件的做法和风格应该早于宋代，例如塔檐平缓，斗栱用材体量比例相对较大，这些建筑特征有明显的唐代风格。"热释光"技术在考古研究中可用于古代文物的年龄测定。因此，该塔建造的确切年代有待进一步考证。现在看来，建塔年代不晚于宋代是公论。由此考证出此塔建于唐代末年至五代期间的结论较为合理。但确切的建造年代还需要进一步考证。不管考证的结论如何，反正使用现代的砖来修复甲辰巷砖塔是不合适的。此时思成古建的朱兴男总经理想到，思成古建正好有一批旧的御窑金砖材料，这种材料的尺寸一般在 55 ~ 60cm²，砖体厚度在 7cm 左右，图 3-11 为思成古建收藏的御窑金砖。现在除了故宫等皇家文物建筑的维修要使用金砖。其他建筑已经没有使用的了。在民间金砖一般当作古董进行收藏。为了完成甲辰巷砖塔的维修任务，朱兴男总经理决定放弃金砖的收藏增值，将其拿出来用于切割成甲辰巷砖塔砖构件的形状，可以随时进行替换。由于思成古建收藏的金砖大多是明、清时期的旧物，而且金砖的体积是现在青砖的数十倍，用于切割成砖块或特殊砖构件十分符合。

　　替换的材料找到，甲辰巷砖塔的维修工程较为顺利，经过一系列的替换、修整、重构等操作，甲辰巷砖塔修缮工程全面结束，施工技术员还用青砖为甲辰巷砖塔雕刻了一个带

▲图 3-11　思成古建收藏的御窑金砖

有覆钵仰莲的葫芦形塔刹，使甲辰巷砖塔的形象更加完美，图 3-12 为甲辰巷砖塔的塔刹，图 3-13 为甲辰巷砖塔现状。如今已晋升为"全国重点文物保护单位"的甲辰巷砖塔，依然矗立在姑苏区的甲辰巷口，接受来自社会各界人士的参观。

▲图 3-12　甲辰巷砖塔的塔刹

▲图 3-13　甲辰巷砖塔现状

第 4 章
日移倒影双双见
风送清声两两鸣

——定慧寺双塔修缮（塔刹的更换与修复）

苏州定慧寺双塔修缮工程简表

宝塔名称	苏州定慧寺双塔	宝塔级别	全国重点文物保护单位
坐落地址	苏州市姑苏区定慧寺巷 22 号罗汉寺内	工程时间	2006 年 4 月—2006 年 9 月
建设单位	苏州文物保护管理所		
设计单位	浙江省古建筑设计研究院		
施工单位	苏州蒯祥古建有限公司中标，苏州思成古代建筑工程有限公司承建		
监理单位	苏州市时代工程咨询设计管理有限公司		
工程主要内容	更换西塔塔刹铁铸件及部分朽烂塔心木，宝塔外立面整修，东塔高层挑檐檐口裂损修补，更换残损叠涩砖构件、塔基部分加固		
项目负责人简介	陆福根，二级建造师。先后担任南京朝天宫一期古建筑工程、昭庆寺修缮工程等十余项文物保护、仿古园林工程的项目经理，其负责工程的质量在业内得到普遍肯定		

苏州城区内的定慧寺双塔是苏州比较特别的宝塔，它是由两座大小、形制、高度基本相同的砖塔组成，因此也有人将它们称为"兄弟塔"或"姑嫂塔"，图 4-1 为定慧寺双塔。其实双塔一座叫"舍利塔"，另一座叫"功德塔"，图 4-2 为"舍利塔"和"功德塔"。宝塔的建立一般跟寺庙兴起有关，据记载：唐咸通二年（861 年），吴中人盛楚在这里创建寺庙，初名般若院，五代时期改为罗汉院。北宋太平兴国至雍熙时期，有王文罕、王文

▲图 4-1　定慧寺双塔

▲图 4-2　"舍利塔"和"功德塔"

华两兄弟捐资重修殿宇，同时增建砖塔两座，这就是"双塔"的始建。到了宋至道二年（996年），寺庙成为寿宁万岁禅院下院，祥符年又改称"双塔寺"。这处有象征意义的"双塔"自建成以后，在历代各个时期都经历过修整，其中有记载的就有南宋绍兴五年（1135年）、明代嘉靖三十九年（1560年）、崇祯九年（1636年）、清代康熙年间、乾隆二十六年（1761年）、道光二年（1822年）等，维修的内容以重修塔顶相轮居多。由于苏州的定慧寺和双塔在历史上享有盛名，长期以来一直为佛门圣地，香火不断。特别是宋代的苏东坡与颙禅师及守钦禅师常以诗文往返，并有多处史迹遗留，图4-3为20世纪30年代的双塔。中华人民共和国成立以后，定慧寺区域以及双塔被列为市级文物保护单位。"大跃进"时期，定慧寺曾被苏州市第七塑料厂占用。1997年，苏州市政府实施定慧寺巷改造，在各级领导和相关部门的支持下，定慧寺作为西园戒幢律寺下院向社会开放。为此耗资700余万元，重葺围墙、修复大殿、重建山门殿、天王殿，还将原来塑料厂的厂房改建为玉佛殿，讲堂、禅堂、斋堂、客堂、僧寮等。1996年11月，定慧寺双塔被列为第四批全国重点文物保护单位。

定慧寺和寺内双塔都有多次损毁和修复的经历，在清代咸丰十年（1860年），定慧寺再度毁于战火，仅双塔及正殿尚存遗迹。后经寺僧修葺，终未能恢复。1954年秋，双塔的东塔顶刹出现倾斜，大风导致塔刹葫芦跌落，相轮摇摇欲坠，为确保行人及游客安全，由政府组织施工队进行抢修，并清理正殿遗迹。1957年继续整修西塔。自1980年起，再次维修塔体，恢复正殿台基，并移建厅堂门楼，构筑碑廊院墙。维修工程于1983年9月竣工，当年10月1日起开放，供游客参观游览。1988—1990年又拓建西部塔院。1990年夏，东塔的刹轮又被台风吹偏，1991年再次进行修复。

▲图4-3 20世纪30年代的双塔

思成古建所参与的双塔维修工程是在2006年，当时由苏州蒯祥古建公司参与招标后中标，再由刚成立不久的思成古建参与工程项目中进行施工。双塔的修复工程是思成古建成立后承建的第一个文物古建筑项目，由于这个工程是通过招标投标竞争而获得，当时质量监督、安全检查全部参与到这个工程，可见对这个项目的重视程度，因此思成古建的领导层也十分关注这个项目，公司管理层认为即使要花较大的代价，也要按时、按质拿下这个项目，并以此扩大公司的社会影响力。

此次双塔的维修工程主要是西塔，存在的技术和施工难点在于：首先，《维修方案》由浙江省古建筑设计研究院编制，由于是外地公司，《维修方案》存在测绘数据不精确问题，因此需要在维修过程中与《维修方案》编制方在现场进行校准。思成古建成立之初在古建筑设计方面力量较弱，需要与浙江省古建筑设计研究院的设计人员一同进行现场测绘操作，这就要在时间和工程进度方面进行不断协调，以确保《维修方案》数据精准，才能在工程操作中做到尺度明确、操作规范。其次，由于当时的定慧寺巷是一条很窄的苏州普通巷道，重型的工程车辆进入和材料的堆放都存在一定限制，两座古塔相距仅20多米，塔下的空地面积不足1200m²，还有多处不能破坏的寺庙建筑遗迹，能够堆放建筑材料的地方十分有限，两座宝塔相距约20m（图4-4），周围还有寺庙建筑遗迹。为了确保工程安全，思成古建在施工辅助工程和工具方面都进行了很多首创性的改进和加强，如脚手架安装首次采用了"双排立杆形式脚手架"（当时其他维修工程都采用单排立杆的脚手架），使得脚手架的稳定性大大增强，图4-5为思成古建搭建的双排主杆

▲图4-4　两座宝塔相距约20m，周围还有寺庙建筑遗迹

◄图 4-5 思成古建搭建的双排立杆式
脚手架

式脚手架。为保证建筑物不受破坏，脚手架施工时，与地面接触的钢管点都采用 50mm 厚
的木板进行垫护。钢管脚手架采用的是 48mm，壁厚 3.5mm 的 Q235 钢管，上人楼梯采用
竹片垫底，并用 12 号钢丝每隔 20cm 绑扎了防滑木条，四周有竹片维护同步架设安全网。
外脚手架从门洞穿过，采用十字形纤拉的方法，并在脚手架上下设置 ϕ16 的钢索，以保持
脚手架的稳固和施工人员的安全。这也使得用于搭建脚手架的材料用量增加了近 2/3。另外，
鉴于本次工程需要更换塔刹的双塔西塔高度在 33.7m，因此必须使用卷扬机牵引吊篮形式
使施工人员可以贴近宝塔的塔刹周围进行拆卸和重装的操作。由于施工场地限制，用于施
工的卷扬机无法进入现场的广场，只能进入工地东面围墙以外的一个小区内，在围墙上开
一扇门，卷扬机在小区内引吊施工吊篮，将施工人员通过吊篮靠近宝塔高层脚手架，进行
材料的运输和人员上下脚手架。为了安全考虑，思成古建特意使用双吊篮，将吊篮的井字
架搁铁厚度定制为 7mm 的规格，这较于当时普遍采用厚度为 5mm 的搁铁在稳定性能和牢
固程度上都提升了几个等级。另外，对下面的卷扬机也进行了改进，加装了监视仪及每层
的限回装置，保证了每一个宝塔层面的停置稳定、到位，使得使用吊篮施工的安全性得到
了保障，但是由于吊篮重量的增加，对于卷扬机的动力和吊装重量也有了相应的提升。为
了保证数吨重的塔刹可以顺利拆除和重装，在宝塔的脚手架上层还另外安装了一架小型起
重机来加固脚手架通道，专门用于塔刹构件的拆装和运送。这种独创的施工方式最终获得

了有关部门的认可。这些由思成古建首创的工程维修新方法在以后的各项古建筑维修工程中也得到了广泛应用。

　　苏州定慧寺双塔维修工程的重点和难点是塔刹的更换和加固。根据资料记载，双塔的塔刹部分高度约 10m，由生铁铸成，总重量在 5 吨左右，以前历代对双塔的多次维修也主要是针对塔刹松动和掉落等问题。由此可见，双塔的塔刹由于设计时的整体高度和精美程度都较高，加上塔刹为生铁铸造，自身重量较大，因此产生的问题也较多，再由于它位于宝塔的顶端，有些细小的问题在下面很难被发现，久而久之使问题积累到一定程度，发生了塔刹倾斜、掉落等大问题才能引起重视，到了这个时候就只能采取更换、重修等措施才能防止更大的事故发生。据文献记载，定慧寺双塔在近期的 1957 年和 1990 年两次进行过维修，主要任务是整修西塔和东塔的塔刹相轮，图 4-6 为前期多次维修过程中拆下的塔刹构件。这次维修是对西塔的整个塔刹部分进行整修和更换，同时也对两座塔的外立面进行适当修缮和维护，如经测绘发现东塔的顶层挑檐的檐口叠涩砖有崩裂和塌陷现象，此次需要进行修补和维护，此外由于双塔建造时期为宋代，那时的建筑物大多不专门筑造地基，一般用"梅里沙"混入石灰，待其硬化后就在上面兴建建筑物。这种地基的牢固程度较差。宝塔由于体量较大，夯土地基会造成在承重方面的缺陷，此次经过各方面的研究，决定采用明代的做基础方式，以碎砖灌入石灰水再进行夯实的做法，使宝塔基础的强度得到一定增加，防止了以后可能发生的地基下沉问题。

▲图 4-6　前期多次维修过程中拆下的塔刹构件

塔刹的更换首先要定制生铁的铸件，特别是宝盖、相轮、合钵等构件，因为在塔下面观察已经能明显看出这些构件的锈蚀和变形状态。经过多方寻找和有关人士的指引，思成古建找到了位于光福的一家专门生产塔刹构件的铸造厂，在交流过程中发现在上一次东塔的维修中也是在这家铸造厂定制的构件，甚至他们还保留了当时的塔刹模具。由于双塔的东西两座宝塔在结构形式上完全一致，东塔的塔刹也正好可以用于西塔的维修。于是很快就签订了构件定制合同，双塔的维修方对于构件的要求只有一条，就是严格按照原来的模具和工艺流程进行浇铸，铸造过程要控制好铸件的壁厚，要确保不增加构件的重量以确保更换上去的塔刹具有稳定的安全系数。各项准备工作完成后就开始对定慧寺双塔的西塔塔刹进行拆卸。按照维修方案的要求，双塔的塔刹拆卸工作应遵循自上而下的次序进行，在拆卸过程中除了更换严重锈蚀的构件外，还要找出塔刹倾斜、掉落的原因，同时呈报进一步的维修方案，力求从根本上解决隐患。施工人员按照要求从塔刹尖的宝珠顶开始，将葫芦顶、刹杆、套筒、相轮、宝盖、覆钵等构件一一进行拆解，在拆卸工程中发现：由于年代久远，造成部分相轮、宝盖锈蚀严重，有的地方甚至锈蚀穿孔，造成下雨时雨水顺着锈蚀孔洞流进塔顶内部，使得塔心木长期浸泡在水中。随着晴天干燥、雨天水泡交替循环致使原来的宝塔塔心木出现严重朽烂状况（图4-7为从塔顶吊出的塔心木、图4-8为腐烂

▲图4-7　从塔顶吊出的塔心木

▲ 4-8　腐烂严重的塔心木

严重的塔心木），上面总重量达 5 吨的塔刹失去了底部的依托，仅靠宝塔塔身的支撑勉强保持原有的状态，而塔刹上的相轮筒由于锈蚀造成重量的变化，在风力作用下已发生了位移，目前仅靠几根铁链牵住才没有掉落下去。施工人员在靠近塔刹所看见的情况真可谓"险象环生"，整个塔刹部分随时有掉落的可能。经过一个多星期的拆除施工，宝塔塔刹的生铁构件被一一拆卸下来，通过专用的脚手架通道下到地面，供专家们进行研究判别（图4-9为准备拆卸下去的塔刹构件分别编号供专家进行研究、图4-10为更换下来的严重锈蚀的塔刹覆钵），专家们最终决定哪些构件需要更换、哪些可以继续安装上去使用。至此双塔西塔刹上的危险隐患被彻底排除。宝塔的危险被排除了，但是宝塔不能长时间地成为一座"秃顶塔"，这些拆下来的生铁塔刹构件还需要根据原来的形状和次序重新安装上去。

▲图4-9 准备拆卸下去的塔刹构件分别编号供专家进行研究

◀图4-10 更换下来的严重锈蚀的塔刹覆钵

从目前的情况来看，最主要的任务是要重新更换已经朽烂不堪的塔心木，然后用水泥砂浆封住塔顶，再更换已经定制好的部分塔刹构件依次安装塔刹，最后需要在生铁外涂上柏油，防止长期暴露在外的生铁构件产生锈蚀，使危险再度出现。按照古建筑修复要尽量使用原材料的原则，思成古建发动全体施工人员到各个旧木材市场去寻找大规格的老杉木材料，最后在横泾旧木材市场找到一根有 200～300 年树龄的老杉木，这根杉木通体呈棕红色，长 5～6m，直径在 30cm 以上，除了长度略短其他正好符合双塔塔心木的规格。根据文物古建更换材料的原则，替换材料除了要求相同种类和规格的材料外还要求只能替换损坏的部分，对于还能使用的部分要尽量使用原材料。施工人员在塔顶挖开一个小洞，工人们进入该小洞内探查塔心木的整体腐烂情况，同时用小型起重机将塔心木整体吊出。随后大家发现塔心木只是浸泡雨水的部分彻底腐烂，塔心木的根部由于还没有被渗透的雨水浸蚀还没有发生腐烂，修缮中可以保留塔心木的下端，仅对腐烂部分进行去除，再用错位指接方法接上新的老杉木，经测量塔心木腐烂的部分为 5m 多，购买来的老杉木长度正好匹配，可以进行错位指接（图 4-11 为完成指接的塔心木），指接完成后用不锈钢材料做一个套筒对指接的地方上、

▲图 4-11　完成指接的塔心木

下延伸5cm距离进行加固，套筒内充填环氧树脂，这样能保证新、旧材料的指接处保持牢固，使这个塔心木呈现出像新的木材一样的特性，图4-12为施工人员为塔心木安装套筒。

塔心木制作完成后，经过一定的干燥、修整和整体桐油浸泡等处理，然后用小型起重机又重新将它安放回原来的位置，图4-13为重新将塔心木放回宝塔内，保证塔心木垂直后再在塔顶破口处进行封堵施工。为了保证塔顶不会再次进水，思成古建在此处进行了一项创新做法，就是在塔顶用两块金山石加盖在原有的砖砌塔座之上，金山石拼接处制作嵌扣，使拼合后外面的雨水如果通过覆钵的孔洞流入塔顶内可以通过嵌扣镶合处的槽向外排出，而不流入塔顶内部。图4-14为西塔塔刹金山石基座图纸，两块金山石的外部形态还特意雕凿成内高外低形状，即使遇到大雨，雨水也可以顺着坡度向外流淌，不会渗透到宝塔内部，再度影响塔心木。塔座上要安装的是铁制的覆钵，体积和重量都较大，用起重机吊装在设有金山石围圈的塔座上，使覆钵放置得更加平稳和稳固，图4-15为工人在塔座上砌筑金山石防水结构。覆钵安装到位后，就开始往上安装各种刹件，在塔刹刹件安装时，还使用了桐油和密封胶进行涂刷，图4-16为工人为塔刹刹件涂刷防锈桐油，每个相轮之间用套筒承接，用定制的铁钉固定在刹杆上，使之不会因风大而产生移位，这样做能保证

▲图4-12　施工人员为塔心木安装套筒

◀图 4-13　重新将塔心木放回宝塔内

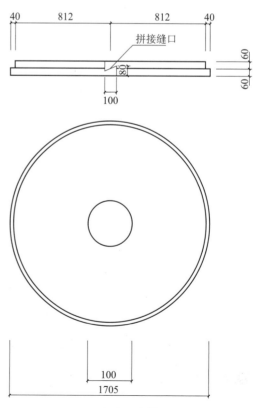

| 40 | 812 | 812 | 40 |

拼接缝口

80

60

60

100

100

1705

金山石大样

▶图 4-14　西塔塔刹金山石基座图纸

▲图 4-15 工人在塔座上砌筑金山石防水结构

▲图 4-16 工人为塔刹刹件涂刷防锈桐油

塔刹 50 年不变形。按照从下到上的顺序，最后安装塔刹尖端的葫芦顶和设置避雷针，按照原来设计，避雷针只要插进葫芦顶的金属件中，向下穿孔引出导线即可。在实际操作中发现这个塔刹的葫芦顶是用一种超强的合金材料制成，竟然连现代的钢锯都无法锯开它。在宋代能淬炼出这样坚硬的合金材料是我们所无法想象的，为了保证避雷针的安装完成，当时的施工人员来不及将葫芦顶取下来进行理化分析，探究这里面的秘密，只能用铜皮按照葫芦的外形在外边包上一层外壳，将金属避雷针放入外皮，中间用环氧树脂材料填充，使得避雷针固定在宝塔塔刹的最高处，图 4-17 为施工人员在塔刹尖葫芦顶安装避雷针，并在下面引出导线与宝塔底座设置的避雷井接通，这种现代化的引雷装置能够对这座古老的宋代宝塔更加上一重保护。

▲图 4-17　施工人员在塔刹尖葫芦顶安装避雷针

随着避雷装置的安装完成并接通，双塔的维修工程就接近尾声了，按计划塔刹更换完成后对两座宝塔的塔身进行修整。据研究人员得出的结论，双塔的塔身目前还保持宋代宝塔的各种信息，自从双塔初期建造以来还没有对塔身进行过大规模的修整，为了保护双塔的原真性，文物保护管理部门特别强调：此次维修只要对原来损毁的部分进行重修和排除危险性隐患，不需要对已经脱落、开裂的墙面进行重新粉刷。鉴于这样的要求，思成古建的施工人员按照以前测绘的数据对有外部损毁的屋面、戗角、檐口的叠涩砖、菱角砖按照原样每一层开裂的粉刷，脱落的补齐并加固，图 4-18 为损毁严重的戗角，图 4-19 为开

▲图 4-18　损毁严重的戗角

▲图 4-19　开裂的屋面

下　篇　修　塔

裂的屋面。对于宝塔的墙体则尽量保留原样，对于实在有破裂、脱落的大面积墙体（图4-20），施工人员采用了由苏州市建筑科学研究院专家研制的一种称为"601水泥改性剂"的新型材料，该材料为膏状体，成分配比由专家在现场进行实物试验后进行配置，材料的颜色也可根据需要进行配制，配制成能达到与原来墙体颜色基本一致的效果。这种材料在当时研制成功后，由思成古建首次应用到古建筑的维修工程中去。"601水泥改性剂"可以由针筒通过墙面的裂缝或孔洞直接注入墙体内部，由于它的强渗透性，可以在短时间内弥漫于墙体内壁。该材料还具有不会收缩和膨胀、干结后产生较高的强度和硬度，加上色彩的可调性能，使原本有开裂、松动、脱落的墙面能迅速形成一个整体（图4-21为施工人员对注入"601水泥改性剂"的墙体进行修整、打磨），不仅填补了墙体的孔洞、裂缝等地方，使墙体仍然保持原有的色泽，还使墙体的牢固程度和粘合性能都有了较大幅度的提高。新材料的特种性能给工程施工人员带来了巨大的惊喜。很多前来现场参观、指导的各级领导和建筑、文物专家也给予了较高的评价，因此，在以后的古建筑修复工程中，这种"601水泥改性剂"得到了更多的应用。

▲图4-20　开裂、脱落的墙体

▲图 4-21　施工人员对注入"601 水泥改性剂"的墙体进行修整、打磨

双塔的维修工程所用的时间并不长，大概在两个多月内全部完工，并通过了文物保护部门的验收，图 4-22 为修缮完成后的双塔西塔塔刹，图 4-23 为修缮工程完工后的定慧寺双塔。

▼图 4-22　修缮完成后的双塔西塔塔刹

▲图 4-23　修缮工程完工后的定慧寺双塔

　　定慧寺双塔维修工程是思成古建成立以后的第一项文物保护单位维修工程，当时的苏州定慧寺双塔已升级为全国重点文物保护单位。尽管在思成古建成立之前，思成古建的工程技术人员已经参与过多处文物古建筑的修护、重建等项目工程，但作为"苏州思成古建园林工程有限公司"正式成立后的第一个古建筑修缮工程，对象又是国家级重点文物保护单位，思成古建从上到下都对该工程项目高度重视，更是不惜花费了很大代价来做好工程的安全保障工作。通过"苏州定慧寺双塔"的修缮工程，思成古建全面提升了在古建筑修缮行业的知名度和竞争力，他们在工程项目中首创的双排柱脚手架、新材料等技术，在古建筑行业中引起了极大关注，随后这些技术在古建筑行业得到了较为普遍的应用。

第5章
千墩墩上塔层层
高入云霄碍野鹰

——千灯镇秦峰塔修缮（平座与斗栱的加固与修复）

千灯镇秦峰塔修缮工程简表

宝塔名称	千灯镇秦峰塔	宝塔级别	全国重点文物保护单位
坐落地址	千灯镇尚书浦西延福禅寺内	工程时间	2007年5月—2007年11月
建设单位	昆山市千灯镇旅游发展有限公司		
设计单位	苏州香洲古代建筑设计有限公司		
施工单位	苏州思成古代建筑工程有限公司		
监理单位	苏州市时代工程咨询设计管理有限公司		
工程主要内容	加固宝塔平座，修复损毁的斗栱，重饰塔身油漆，地基情况分析		
项目负责人简介	陆革民，瓦工技师、高级工程师，香山帮技艺传承人。参与过寒山寺罗汉堂、虎丘云岩寺塔、千灯镇秦峰塔、苏州文庙大成殿等重大文物古建项目的维修工程。这些项目多次获得省、市级"优秀工程"奖和文化部门"优良工程"荣誉。从事古建筑行业39年，在业界具有一定知名度		

苏州昆山千灯镇秦峰塔是该镇唯一的一座宝塔，被看作千灯镇的标志性建筑。秦峰塔始建于梁天监二年（503年），分别在北宋、明洪武年间重修，后又经历多次毁坏和重修。在中华人民共和国成立后的1994年，千灯镇秦峰塔在党和政府的关心下进行了一次大修，

宝塔复原了宋代风貌。该塔为砖身木檐楼阁式宝塔，平面呈方形，共七级，总高 39.5m，从塔内部可以直上顶层，以前在顶层设有茶室，各层外围装有木栏杆，可远眺千灯镇全镇景色。图 5-1 为千灯镇远眺秦峰塔，秦峰塔体形修长、形态绰约，远看酷似一位亭亭玉立的少女，自古以来秦峰古塔就有"美人塔"之誉，为江南所罕见。图 5-2 为延福寺内近观秦峰塔。

秦峰塔的兴建与延福禅寺有关，据记载，五代梁天监二年（503 年）佛教盛行，千灯镇居民王束舍宅捐寺，委托当时的僧人从义在此开山建寺，取名为"延福禅寺"。随后从义准备扩大寺庙，于是在寺庙南侧尚书浦西募集资金修建了一座七级宝塔，就是秦峰塔。秦峰塔在历代多有维修，直到明末时期宝塔坍塌，后在清代由径山僧嵩堂募捐重修，基本恢复了秦峰塔的原貌，清乾隆五十四年（1789 年）秦峰塔又破落不堪，当时的僧人见云曾发起募捐修塔，但是由于财力不足，秦峰塔仅修到四层，随后清同治时期的太平天国战火使秦峰塔的木制搁板、楼梯、栏杆等均在大火中烧毁，宝塔仅剩砖结构的塔体存留。中华人民共和国成立后，分别在 1962 年、1963 年进行"封角护塔身"保护性维修；1978 年进行"围墙"护塔维修；1989 年、1994 年又进行加固塔刹等大修工程，使秦峰塔保存至今，图 5-3 为恢复宋代风貌的秦峰塔。

思成古建承接秦峰塔修缮工程前的最后一次维修是 1994 年的大修。2005 年，有人发现秦峰塔出现了塔身木结构件的松动，宝塔地基有下沉现象，由此伴随出现了塔座地面的

◀图 5-2　延福
寺内近观秦峰塔

▶图 5-3　恢复宋代风貌的
秦峰塔

开裂、斗栱构件松动、移位以及油漆层的大面积崩脱。为了保证游客的安全，千灯镇政府决定秦峰塔暂时封闭，不对外开放，同时在苏州全市范围招募有文物古建筑维护经验的施工团队对千灯镇秦峰塔进行全面维修。

2006年，思成古建在修缮定慧寺双塔的工程项目中脱颖而出，赢得了业界较好的口碑，此时有人推荐思成古建来千灯镇承接秦峰塔的修缮任务。但思成古建的定慧寺双塔项目尚未全部完工，暂时还抽不

▶图5-4　江苏省重点文物保护单位

▲图5-5　全国重点文物保护单位

出人员去维修千灯镇秦峰塔。思成古建的朱兴男总经理决定由自己带领部分技术骨干和文物保护人员先去千灯镇秦峰塔现场进行调研。在调研接触过程中，双方就千灯镇秦峰塔的维修方案充分阐述了自己的观点，千灯镇建设方觉得思成古建的观点和千灯镇建设方的设想高度一致，思成古建虽然是成立不久的新公司，但是其技术人员在公司成立之前所参与文物古建项目都是在苏州市较有影响力的工程，他们在对文物古建修复工程项目上的技术实力和实践经验都是毋庸置疑的。经过几轮交流后，最终千灯镇建设方决定，将千灯镇秦峰塔的修缮工程交由思成古建来完成，具体开工时间定在双塔维修工程完工后的第二年开春后开工。

◀图 5-6　塔层平座底部的裂缝

千灯镇秦峰塔维修工程是思成古建创建后承建的第二个列入"全国重点文物保护单位"的古建筑项目，尽管在当时千灯镇秦峰塔还是"江苏省文物保护单位"（图5-4），在完成修缮工程后的2013年，秦峰塔升级为"全国重点文物保护单位"（图5-5）。

由于进行了较为全面的现场勘察和调研，参与秦峰塔修缮工程的技术人员也与该项目的甲方和文物保护部门进行过充分沟通，大家对主要的修缮项目很清楚，因此工程初期进展得较为顺利，施工人员只要按照维修方案进行就行了。

施工顺序是首先搭建脚手架，秦峰塔的施工场地相对开阔，搭建脚手架工程相对较容易。脚手架搭建完成后先开始进行平座裂缝修补和加固，由于塔身的平座是木结构制作，时间长了容易产生"热胀冷缩"现象，使得这些木质材料渐渐脱离塔身内壁的砖墙向外塌陷，形成了平座底部的裂缝，有些裂缝足有5cm宽（图5-6为塔层平座底部的裂缝、图5-7为平座沿塔身砖木连接处开始向外塌陷），平座上已不能承重，如果游客站立平座远眺风景会产生危险。原《维修方案》要求在塔身的每一层的"肩膀"上浇一条混凝土的箍，再挑出一条板使塔体与平座连接牢固。由于这个方案会使秦峰塔整体变粗，破坏了秦峰塔"纤细修长的美人"形象，也就完全失去了秦峰塔的韵味。另外，施工工人在向墙壁内凿进一定深度浇铺混凝土箍时由于秦峰塔的壁厚较小，凿进后容易引起墙壁倒塌事故，对秦峰塔造成"二次破坏"。因此现场技术人员认为这个《维修方案》不可取，必须进行修改。同

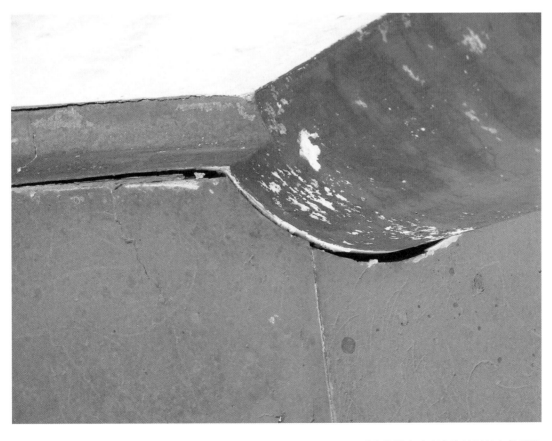

▲图5-7　平座沿塔身砖木连接处开始向外塌陷

▲图 5-8　∠ 70mm×70mm×7mm 角钢做的箍

▲图 5-9　钢结构碗架形式构件

▲图 5-10 钢结构的托架，下面拉住斗栱

时，思成古建在通过前期考察后，很快在工程现场提出了一个全新的方案供甲方参考，就是先用一条槽钢做成钢箍固定住塔身（图 5-8 为∠ 70mm×70mm×7mm 角钢做的箍），再用钢结构以碗架的形式焊接上去（图 5-9 为钢结构碗架形式构件），用钢结构来拉住平座的木构件，这样能保证平座的牢固（图 5-10 为钢结构的托架），下面拉住斗栱，同时塔身松动的斗栱等构件也可以固定在钢结构架子上，承重方面由钢构件承重，斗栱则完全作为装饰件来使用，可以使斗栱不松动掉落。考虑钢结构构件必须满足宋代斗栱的规制还要长时间不锈蚀，因此使用的不锈钢材料需做镀锌处理，在外面按照宋代斗栱的规制包上

下篇 修塔

木质材料，使得外面很难看到金属材料的身影。这个用钢结构构件替代木结构构件的方法，在感官上是不会产生任何与原来不一样的感觉，在拉力强度上得到了巨大的增加。正如思成古建的总经理朱兴男先生在验收会议上讲的："当平座产生 5cm 的裂缝时，一个人站在平座上都很危险，现在用钢结构构件加入的方法进行维修后，平座上即使来一头牛也能撑得住。"

因平座木结构向外塌陷，造成平座戗角处斗栱松动，屋面的屋脊、戗角都发生崩脱（图5-11 为平座斗栱松动、图 5-12 为平底座瓦破碎），要修复这些问题，思成古建的技术人员再次考虑使用不锈钢材料。原戗角和戗根之所以会出现较大裂缝，是由于在老戗和嫩戗根部没有用铁件等将其固定，经过自然气候以及自重等因素，时间一长导致其出现裂缝。因此在此次屋面维修过程中，将原来朽烂的戗角木更换，可以利用的部分将其表面的油漆打磨掉，进行防腐、防白蚁处理，再用胚油涂刷；然后用 ∠ 70mm×70mm×7mm 的角钢将戗根部位串起并与塔体固定，再用 ∠ 70mm×70mm×7mm 的角钢固定在老戗木上，最后将戗角部位的角钢和戗根部位的角钢进行焊接（图 5-13 为平座的角钢加固件、图 5-14 为钢结构材料拉住的戗角，外面可以包上木制斗栱）。角钢自身和焊接的接头处都要进行

◀ 图 5-11　平座斗栱松动

▲图 5-12 平底座瓦破碎

▲图 5-13 平座的角钢加固件

◀图 5-14　钢结构材料拉住的戗角，外面可以包上木制斗栱

防锈处理并用水泥及木材进行罩铺。图 5-15 为戗角进行铁件加固，原屋面的瓦件全部更换，并按照原样式、原质地重新定制、加工。屋面施工时，根据原屋面的形式和弧度进行铺设，做好防水层，以保证其使用寿命。图 5-16 为修复后的屋脊戗角、图 5-17 为铺设好的屋面。

　　以现代钢结构替代传统木结构材料，对于古建筑来说是一种创新，思成古建在当时的"省保文物"秦峰塔上进行应用尝试也是很慎重的，为此还召开了专题的专家论证会（图 5-18 为古建筑专家戚德耀先生等参加秦峰塔维修工程验收会），用钢结构替代传统木结构得到了江苏省古建筑专家戚德耀先生的高度支持。戚先生认为，这种创新解决了长期以来木结构构件遇热、遇干燥容易收缩的问题，对今后的古建筑维修工程会产生很好的启发：在古建筑特别是文物古建筑的工程中，我们不提倡使用新材料，但如果在遇到原来的材料的某些特性无法克服时，要大胆去尝试新材料，最终的目的是让古代的优秀建筑能更完美、更安全地呈现在大家的面前。在该项目的验收大会上，戚先生还建议将秦峰塔的维修案例当作一种古建筑维修的特殊案例进行宣传，让更多的技术人员知道。

　　秦峰塔维修的另一个问题是要处理好所有油漆的脱皮问题。经过十年的时间，在上一

▲图 5-15　戗角进行铁件加固

▲图 5-16　修复后的戗角

▲图 5-17　铺设好的屋面

▲图 5-18　古建筑专家戚德耀先生等参加秦峰塔维修工程验收会

次维修时秦峰塔内的油漆部分基本上都存在脱皮现象。图 5-19 为油漆柱子的漆层开裂，图 5-20 为油漆的大面积脱落现象。工程人员分析认为：可能是初次的油漆没有使用"大漆"或油漆的工序没有遵照传统程序进行。维修中要将所有有油漆的地方进行打磨，使原来的油漆不留一点痕迹，然后再批生漆腻子进行重新油漆，这样能保证 5 ~ 6 年的使用寿命。超过使用寿命后，只要再补刷一遍油漆，又能焕然一新，图 5-21 为重新补刷油漆的上塔楼梯。

主要问题解决后，只要在破裂处重新更换新的砖瓦就可以恢复旧貌了。由于秦峰塔

▲图 5-19　油漆柱子的漆层开裂

◀图 5-20　油漆的大面积脱落现象

▶图 5-21 重新补
刷油漆的上塔楼梯

使用的砖瓦是专门定制的，根据戚德耀先生引荐，思成古建的施工人员找到了以前维修时
定制砖瓦的砖瓦厂，幸运的是这家砖瓦厂还保留着一大批当年没有使用完的秦峰塔砖瓦，
包括花边、滴水等瓦件。这使原来认为有一定难度的事件很容易就得到了解决。十几年岁
月过去了，秦峰塔在修复过程中还能找到并使用以前专门定制的瓦件，这在修塔工程中堪
称奇迹，也为秦峰塔记录下了一段传奇。

　　秦峰塔还有一个地基沉降问题。根据周边人士反映，秦峰塔以前是高于外面的路面
的，现在感觉延福寺内的塔基明显形成了洼地，大雨过后外面的雨水还会聚集到秦峰塔
下。这个问题引起了各方专家的担忧，这次维修工还专门就塔基下沉问题进行了讨论。
最后经过仔细观察终于得出了结论：秦峰塔的地基虽然不是很牢固，但也没有发生沉降。
大家现在感觉的现象是由于宋代以来秦峰塔一直位于延福寺内，延福寺从宋代到现在一
直作为宗教场地使用，相对比较稳定，而寺庙外的千灯镇及其道路却发生了较多的改变，
这些改变使得外面的路基被不断抬高，而相对比较稳定的秦峰塔就显得低了，产生了"洼
地"现象。

　　秦峰塔维修工程还有一个创新点就是平座下面有一排砖细挂方，因为没有很好的固定
方式，只是用水泥砂浆贴在一块板上，长时间风吹雨淋后很容易脱落，这就造成了安全问题，
图 5-22 为对于平座角部砖细挂方脱落的处理。此次维修为了解决这个问题用了一块角钢，
在挂方里面开一个槽，镶嵌在角钢上，这样就能形成一个很好的固定点，即使水泥崩脱，

平座角上已脱落的砖细挂方

平座部位擎檐柱底部的钢板预埋

平座部位角科处钢结构与木结构的固定连接

▲图5-22　对于平座角部砖细挂方脱落的处理

挂方仍然能够牢固地贴在角钢上，不会掉落。为了防止由于木板腐烂后连角钢一起掉落，这次在每层平座底部还做了防水处理，使平座底层的漏水不会影响到下面砖细挂方后面的固定模板，不使模板因受到上面平座漏水浸蚀而发生腐烂、连挂方一起坠落。

　　秦峰塔维修工程的难度并不是很高，困难的地方主要是思成古建的技术人员推翻了原定的维修计划，自己设定了更为适合的维修方案。尽管这个方案得到了古建筑专家戚德耀先生的赞赏和支持，但由于维修过程中使用了较多的钢结构材料，与文物古建维修需要遵循的"尽量使用原有材料"的基本原则有冲突，因此，这个维修方案曾遭到过很多政府人士的反对。在这种情况下，思成古建的技术人员认为：古建维修的原则当然要遵守，但是在新的环境下，我们以安全和最大限度地保持建筑的原有特色和风貌为目的，使用最新的科技成果，组织精心施工，并没有破坏建筑的外观和风貌，这是一种维修技术升级进步。这不仅没有违反古建筑修缮的基本原则，而且能使传统的风貌得到更全面的保护，应该得到全社会的接受。在思成古建的坚持和争取下，这个维修方案得到了最终的认可和实施。

　　秦峰塔在完成维修后即对外开放，其间尽管仍有争议，但是数以万计的游客都能够在千灯镇游览时登上这座著名的"美人塔"，尽享登高远眺的乐趣。

　　此次秦峰塔修缮工程历时近一年，于2008年4月通过竣工验收。至今又过了十几年时间，秦峰塔登塔参观尽管因各种原因时断时续，但这座宝塔依然保持着它"美人"般的风韵。图 5-23 为修缮完成后的秦峰塔。值得一提的是，在修缮工程完成后的第五年，秦峰塔成功升级成为"全国重点文物保护单位"，这既是对秦峰塔价值的肯定，也是对思成古建"传承出新"的修缮方案的认可。

▲图 5-23　修缮完成后的秦峰塔

第6章
劫火难焚玉柱塔
潮过夷亭状元出

——昆山白塔修造（汉白玉石塔的营建）

昆山白塔修造工程简表

宝塔名称	昆山白塔	宝塔级别	新建仿古建筑
坐落地址	昆山周市镇青阳港与娄江交会处	工程时间	2009年5月—2010年10月
建设单位	昆山周市镇人民政府实事办		
设计单位	苏州香洲古代建筑设计有限公司		
施工单位	苏州嘉裕置业有限公司承建　苏州思成古建园林工程有限公司施工		
监理单位	无		
工程主要内容	昆山白塔及老街、白塔公园绿化景观		
项目负责人简介	陆革民，瓦工技师、高级工程师，香山帮技艺传承人。参与过寒山寺罗汉堂、虎丘云岩寺塔、千灯镇秦峰塔、苏州文庙大成殿等重大文物古建项目的维修工程。这些项目多次获得省、市级"优秀工程"奖和文化部门"优良工程"荣誉。从事古建筑行业39年，在业界具有一定知名度		

　　苏州昆山经济开发区的"白塔龙王庙"是昆山著名道观。它建造于明代万历年间，距今大约400多年。龙王庙原址在兵希镇外，位于现在的青阳港与娄江的交会处，与庙同时建造的还有俗称为"白塔"（又称为望夫塔）的玉柱塔一座，故道观也称之为"白塔龙王庙"。在以前昆山就有青阳港观潮的习俗，而白塔龙王庙就建在青阳港、樾河交会之处，邻近观潮的地点，每年都会有很多人来这里观潮。昆山人的观潮还与流传很久的一句谶语

有关：据说在南宋淳熙年间，一位道人曾留下了一句话，叫作"潮至夷亭出状元"，后来有一年"潮忽大至，遂过夷亭"，就在这一年，石浦镇的卫泾高中状元，谶语果然灵验了。此后在这里多次修建"问潮馆"，专门有人对潮水的位置进行记录，史载"弘治初连岁大水，潮复过夷亭，毛澄、朱希周、顾鼎臣相继大魁天下"。因为有这样的传奇经历，每逢农历的八月十八，龙王庙总会聚集很多观潮的群众，后来大家又将潮神的纪念活动结合在一起，形成大规模的民间庙会习俗，白塔龙王庙遂成为当地的一处民间风俗展示平台。

随着沧海桑田的变化，海岸线东移，内河航道淤塞，潮水不会再来了。白塔龙王庙也就只剩下庙会活动了，到了1949年5月昆山解放时，白塔龙王庙已破败不堪。后来白塔龙王庙的地块被划归昆山市周市镇。2002年，昆山市人民政府决定移址重建龙王庙，移建的龙王庙占地6700m²，建筑面积3000m²。设有正山门、大殿、偏殿、露台、碑廊及其他辅助设施。建筑以明清时期建筑风格为特点，体现出浓厚的道教氛围，图6-1为新修的昆山白塔龙王庙。龙王庙重建后，这里的庙会更加兴盛。到了2007年，昆山实业家蒋

▲图6-1 新修的昆山白塔龙王庙

汉民先生决定在龙王庙的对面开发房地产项目，为了尊重传统文化，回报社会与当地居民，蒋先生决定在他开发的地产项目区域内重建一座白塔和一座牌楼并重新设计、建造区域内园林景观，建成后全部捐赠给昆山市人民政府，供周边居民休闲游览。思成古建应邀参与了这个项目的施工，成为白塔、牌楼等古建筑项目的工程施工单位。

　　昆山的白塔不是古建筑项目的修复，而是需要重建一座宝塔。根据史料记载，白塔龙王庙内原来有一座"白塔"。但是现在龙王庙经过异地重建并于 2004 年对外开放，现在的道观内并没有白塔。由于习惯问题，人们仍叫它"白塔龙王庙"。也正因如此，蒋先生决定在道观外重建一座白塔，以应"白塔龙王庙"之名。为此，思成古建的设计人员和技术人员查阅了很多资料，据记载："白塔"又名望夫塔，是一座高达九层的玉柱塔，关于这个白塔的具体位置，现在也无法确定了，因为白塔龙王庙已经建成，现在在庙外建塔，塔周围形成的区域就被叫作"白塔公园"，政府规划在公园外围要建商业街和住宅区，因此将商业区内一片有一个水塘的区域划定为"白塔公园"。根据公园的景观设计需要在区域内建设戏台、方亭、水榭、六角亭还有几座桥和一处藏书楼，图 6-2 为白塔公园景观，图 6-3 为白塔公园内假山和六角亭。设计方案中白塔正好落位于这片水塘中，设计完成后施工技术人员即进入水塘测量数据，对白塔进行定位。进入水塘后发现，这个水塘水深齐腰，下面还有沉积的淤泥层，非常不稳定，即使用建筑垃圾进行回填也不结实，在这样的基础来建宝塔，将来宝塔的基础施工将会是一个难点。

　　白塔公园的设计方案提交后，思成古建还附上了方案测绘结果和施工难点说明，请

▲图 6-2　白塔公园景观

▲图 6-3　白塔公园内假山和六角亭

下篇

修塔

建设方修改方案时考虑这些因素。谁知这个方案被搁置了两年多，直到商业街和住宅项目都基本完成了，建设方才找来思成古建要求马上开始建造公园。这时周边建设基本到位，公园的设计方案已经没有调整余地了，也就是说白塔的基础必须放在池塘中了。建设方认为他们也做了较为深入的考证，结论是设计稿中这处白塔的位置大致就是以前白塔的位置所在。之所以现在位于白塔龙王庙以外，是由于这座龙王庙移建设计的原因。另外，现在公园中的水塘已经用建筑垃圾填平，公园内所需要的池塘可以根据设计图再自行开挖。希望承建方想尽办法，将整个白塔公园建设好。

接到施工任务后，技术人员先对以前的大水塘范围进行测定，再对池塘内回填土的硬度进行评估，发现回填土的湿度很大，根本无法作为任何建筑物的基础。设计图上各种建筑的位置都在回填池塘内松动的土上，除设计的公园池塘外，所有建筑都必须采用打桩的形式另做基础，这样才能保证建筑物不下沉。即使做池塘的地方也需要进行开挖、做砂石垫层、进行分隔。由于地下水位较高，为了防止整个池塘注满水后向上浮起来，还需要打一些抗拔桩来固定水体。

这次建造的白塔，为了体现塔身的洁白，开发商特意从四川雅安采购汉白玉石材来制作白塔的塔身。一般认为北京房山地区是汉白玉的主要产区，这里出产的汉白玉质量较好，但是经过对比发现，北京房山区产的汉白玉只有山体中间的一部分比较纯净洁白，但是这些材料价格较高，外围的汉白玉材料都有些条状的黄色线纹，而四川雅安的汉白玉通体洁白，尽管价格略高但石料的密度较大，便于雕刻精美的图案。由此昆山白塔的材料全部采自四川雅安。宝塔的形式根据白塔原样为六面楼阁式，层高改为五层，全身用汉白玉石材建造。塔身根据原来面貌将门窗、屋顶、壶门以及每个壶门内的一个佛像都精致、细腻地雕刻出来。每个门窗、壶门高度则是按明代宝塔的通用尺寸按比例缩小来确定。白塔下面在打桩的基础上用汉白玉做台基，石块之间浇灌水泥，使之粘结非常坚固，台基上的白塔，用汉白玉一层一层往上做，由于是实心的，全部是汉白玉，因此宝塔的重量较大，施工中一定要保证宝塔台基的稳固。白塔设有层台、栏杆、须弥座、莲花座，每一层宝塔平座都雕刻出屋面、戗角、壶门、佛像等，最下面一层还设有大门、窗棂等，是真实宝塔的全部配置，图6-4为汉白玉石材建成的昆山白塔、图6-5为白塔公园内的白塔、图6-6为精美的平台、栏杆和塔身的门窗设置。在白塔的顶部做了一个珠串形状的塔刹，图6-7为昆山白塔的塔刹。在最高层和塔刹之间，开发商认为需要放置一些"宝贝"物件来镇塔，为此特意设计了一个方形的汉白玉经函，函内放置的宝物有：思成古建捐赠的一块较大的上好玉石、苏州寒山寺捐赠的几件法器、开发商蒋先生收藏的血字经书和几枚金币，还有昆山市人民政府放入的一张当时最新版的《昆山市地图》。这些宝贝以后在修塔时如果被后人发现，可以很直观地看到白塔在建造时昆山的城市面貌，这将是很有意义的一件事。这些宝贝装入经函后，放在白塔的最高层（第五层），并用水泥在外面进行浇灌，这就为放入佛塔的宝贝增加了一重保护，防止有人登上塔顶后随意翻动塔刹，盗走宝贝。

本次昆山白塔的修造是思成古建从修缮到建造宝塔的一次华丽转身，白塔公园的整个景观绿化工程虽然持续近两年时间，但这座白塔的工期较短，其中大部分时间都是在打桩

▶图 6-4　汉白玉石材建成的昆山白塔

▲图 6-5　白塔公园内的白塔

▲图 6-6　精美的平台、栏杆和塔身
的门窗设置

►图 6-7　昆山白塔的塔刹

做基础或者在建造其他建筑，其中值得一提的是在白塔公园的入口处建造的一座"四柱三间七楼式"砖细牌楼，图6-8为砖细牌楼，图6-9为古戏台。这处牌楼是苏州市最大体量的一座牌楼，整个牌楼的额枋都由砖细雕刻，工艺十分精湛。古戏台在牌楼和白塔之间，由于考虑昆山是我国最古老的剧种——昆曲的发源地，各种大规模的庙会活动都会安排地方剧种表演来活跃气氛。白塔公园以前就是庙会的主场地，以后将是组织此类活动的必然场所，在这里搭建戏台有助于政府今后组织开展地方文化表演，也为白塔公园增加了一处聚集人气的景点，图6-10为白塔公园一景，图6-11、图6-12为白塔龙王庙庙会。

▲图6-8 砖细牌楼

▲图6-9 古戏台

▲图 6-10　白塔公园一景

下
篇
修
塔

第7章
拟策孤筇避冶游
上方一塔俯清秋

——上方山楞伽寺塔修缮工程（塔身加固及重铸塔刹）

上方山楞伽寺塔修缮工程简表

宝塔名称	上方山楞伽寺塔	宝塔级别	江苏省文物保护单位
坐落地址	苏州上方山	工程时间	2008 年 8 月—2011 年 12 月
建设单位	苏州市石湖风景名胜区管理处		
设计单位	苏州香洲古代建筑设计有限公司		
施工单位	苏州思成古代建筑工程有限公司		
监理单位	苏州市时代工程咨询设计管理有限公司		
工程主要内容	塔刹重塑、更换塔心木、基层清理、屋面重修、塔身加固、下层檐泥塑恢复、穹顶修复		
项目负责人简介	陆革民：瓦工技师、高级工程师，香山帮技艺传承人。参与过寒山寺罗汉堂、虎丘云岩寺塔、千灯镇秦峰塔、苏州文庙大成殿等重大文物古建项目的维修工程。这些项目多次获得省、市级"优秀工程"奖和文化部门"优良工程"荣誉。从事古建筑行业 39 年，在业界具有一定知名度		

  苏州楞伽寺塔位于石湖上方山上，据《苏州府志》记载：这里原有楞伽寺，隋大业四年（608 年）吴郡太守李显在寺内据山巅建造七层宝塔，叫作"楞伽寺塔"。现在的楞伽寺塔由于外面的木结构平座、戗角等被火焚毁，仅剩一座砖塔心。

  楞伽寺塔形制为七层八面楼阁式宝塔。塔高 23m，各层高度依次递减。东西南北四面辟壶门，另外四面砌出隐门，逐层交错。现在的塔底层边长 2.4m，塔下有高约 2m 的台基；宝塔的第二层有短檐；第三层以上均有腰檐、平座。塔室呈正方形，四个壶门可以对穿，没有塔心，图 7-1 为上方山楞伽寺塔。宝塔的南侧还有抱厦一间。该塔于北宋太平兴国

▲图 7-1 上方山楞伽寺塔

三年（978 年）进行重建，明崇祯九年（1636 年）至十三年春（1640 年），经过历时四年多大规模修葺，致使一、二层的檐口以及塔刹等改动较大。可见现在的楞伽寺塔基本是北宋太平兴国年间重建的，比定慧寺罗汉院双塔还要早 4 年，而楞伽寺塔的外形结构简朴，虽经明末大修，但塔身主体仍为北宋初期遗存，是研究唐宋间砖塔演变实物例证，图 7-2 为上方山楞伽寺塔周边现状。

思成古建承接上方山楞伽寺塔的修缮任务是在 2008 年初，工程的建设方是苏州市石湖风景名胜区管理处，由于该塔在 1982 年已被列为"江苏省文物保护单位"（图 7-3），因此还是由文物局来主持修缮方案的审定。根据建设方的要求，上方山楞伽寺塔的维修方案和具体施工均由思成古建来完成。接到任务后，思成古建首先派出工程人员在楞伽寺塔的周围搭设脚手架，楞伽寺塔的脚手架与一般的维修脚手架略有不同，考虑塔体部分的粉层存在严重脱落现象，高层屋面有修补砖瓦和整修叠涩砖、重新铺设壶门穿道地砖等维修操作需要运输大量砖瓦、砂浆、涂料、地砖等材料，还有需要更换塔刹等重量较大构件，因此需要在主脚手架旁侧另外搭建一个物料运输专用脚手架，内部安装吊塔，可以通过卷

▲ 图 7-2　上方山楞伽寺塔周边现状

扬机控制使它能够方便地停留在每一个塔层，方便拆卸物件下传和维修材料的上运，图7-4为楞伽寺塔的脚手架。脚手架搭建完成后也便于设计人员近距离对楞伽寺塔进行全面勘察，并在勘察基础上制订出最适合的修缮方案。经现场查勘发现楞伽寺塔存在的主要问题是：外墙、角柱粉刷层严重脱落，图7-5为角柱粉刷层脱落。塔体外立面砖瓦等多有脱落，且塔体略向东南倾斜，图7-6为塔体砖瓦掉落，略向西南倾斜；塔壁雕花件损坏、粉刷层脱落，图7-7为塔壁雕花破损；还有屋面瓦作凌乱、戗角损坏，图7-8为屋面砖瓦凌乱，戗脊损坏状况。穿道地砖破损、塔心木朽烂、塔刹锈蚀和缺损等问题，

▲图7-3　江苏省文物保护单位

◀图7-4　楞伽寺塔的脚手架

◀图 7-5 角柱粉刷层脱落

◀图 7-6 塔体砖瓦掉落，略向西南倾斜

◀图 7-7 塔壁雕花破损

▶图 7-8 屋面砖瓦凌乱，戗脊损坏状况

图 7-9 为穿道地砖破损、图 7-10 为塔心木朽烂。因此，楞伽寺塔的修缮方案包括更换塔刹及塔心木、整体加固与外立面整修、地面平台整修和外墙粉刷 4 个方面。由于发现塔体向西南方向略微倾斜，为了防止这种倾斜的进一步加剧，必须对塔身进行加固。加固的方法就是采用秦峰塔和虎丘塔所采用的每层塔体加一个不锈钢材料做成的钢箍，起到稳定塔身的作用。这个方案一经提出就遭到部分专家的反对，他们认为不能使用现在的材料来维修具有文物价值的古塔。其实文物界对于这个问题是一直有争论的，我们不能总是盯在材料使用上来看问题，应该立足长远，看到我们修缮文物的目的不仅是要在当下保留一件古董，而是要让这件古董能够较长时间地原样保留下去，让后人可以看到这个古董的全貌。在过去的时代里，受到材料、技术的束缚，对很多问题都感到无能为力，只能眼看着这个东西在我们眼前消失，现代的材料和技术已经能够使文物得到更长时间的存在，我们又为何受到某种局限性的束缚而不去大胆使用呢？在施工时又发现在第四层转角处檐口有砖体损坏，露出一截生锈的铁件。这说明我们的前辈工匠已经在采用铁件材料进行加固，只可惜加固的铁件也生锈腐烂了，但是很清晰地留下了残存铁件的痕迹。这说明新的材料在以前的修缮工程中已经被使用了，只是因为材料还有缺陷才造成现在的问题，我们现在采用的不锈钢镀锌材料将比铁件更加坚固而且不易腐蚀，我们在外层还将用混凝土或木材包裹，使在外观上完全看不出新材料的使用，而坚固程度却大大增强了，最后这个方案得到了专家们的认可。

◀图 7-9　穿道地砖破损

宝塔的修缮一般是从塔顶自上而下进行。首先是更换塔刹。新的塔刹是专程到温州定制的。楞伽寺塔的塔刹部分，在修缮时发现基本损毁了，只留有塔刹下面的一个覆钵和少数残余刹件，图7-11为塔刹原有的形态，只留有一个覆钵，图7-12为拆下的部分刹件。施工人员在将覆钵拆下后根据覆钵的形式和大小，按照塔刹的常规形式，设计了覆钵上面的相轮、宝盖、宝珠顶等刹件，形成了一个完整的塔刹体。工程开始后，工程人员拆卸下塔刹的覆钵，图7-13为施工人员在对覆钵上残余刹件作记

▲图7-10 塔心木朽烂

▲图 7-11　塔刹原有的形态，只留有一个覆钵

▲图 7-12　拆下的部分刹件

▲图 7-13　施工人员在对覆钵上残余刹件作记录

录，根据覆钵的大小和覆钵上砖砌的大致形态，设计出了铸铁材料的新的塔刹。覆钵拆除后，施工人员打开塔刹根部的顶层屋面，取出已经朽烂的部分塔心木（图 7-14），局部接换新的木料，在新老木料交接处加装不锈钢套筒，接上新的塔心木，这样就保证了塔心木不会在新老材料指接处发生断裂，图 7-15 为吊装更换塔心木。塔心木吊装完成后，施工人员在塔心木顶端用水泥封盖塔顶，在塔顶和覆钵之间留下了一小段空隙，并用芦秆等物料进行填充，这样使宝塔顶端可以

◀图 7-14　烧毁的老戗木

◀图 7-15　吊装更换塔心木

透气从而保持塔心木的干燥状态,消除塔心木再度腐烂的因素,安装刹杆,图7-16为封堵塔顶。随后在塔顶上依次安装刹杆、覆钵、相轮、宝盖、宝珠顶、刹链,涂上防腐的柏油等涂料,最后再在塔刹顶部的宝珠顶上安装避雷针,整个塔刹的安装就结束了,图7-17为施工人员在安装塔刹相轮、图7-18为安装完毕的塔刹。

施工人员在拆除覆钵下面的砖体时还发现了宋代太平兴国时期的青砖,这也印证了目前的楞伽寺塔是宋代的遗存,图7-19为修缮时发现的"大宋太平兴国三年制"的砖。塔心木和塔刹修复完成后,需要对楞伽寺塔的每一层墙体、塔壁雕花、壶门穿道铺地(图7-20为壶门穿道铺地大面积损坏),以及损坏的屋顶、檐口、戗角等进行修复。为了防止塔体的继续倾斜和墙壁粉层脱落,经研究决定在宝塔屋面的时候,先在每层腰檐部分采用工字钢增加一个钢箍,在戗角上用搁铁进行焊接,这样能使宝塔更加坚固,戗角也

▶ 图 7-16 封堵塔顶,安装刹杆

◀图 7-17　施工人员在安装塔刹相轮

◀图 7-18　安装完毕的塔刹

▲图 7-19 修缮时发现的"大宋太平兴国三年制"的砖

▲图 7-20 壶门穿道铺地大面积损坏

▲图 7-21　用工字钢在腰檐部位焊接的钢箍

▲图 7-22　用于避雷系统导线安置的铁构件

不会开裂。图 7-21 为用工字钢在腰檐部位焊接的钢箍、图 7-22 为用于避雷系统导线安置的铁构件、图 7-23 为戗角、戗脊和屋面施工，宝塔的整体加固以后就开始有针对性的维修项目，特别是壶门穿道的地坪铺设，工程人员坚持使用老的方砖进行更换和重铺，对于墙面有脱壳、开裂处进行重新粉刷并使用少量 601 水泥改性剂进行注入增加粉层牢固度，防止粉层再度脱落，图 7-24 为修复的壶门穿道铺地、墙壁雕花、倚柱等。楞伽寺塔还有很多仿木结构斗栱、倚柱、叠涩砖的损坏，修复以后都用这个 601 水泥改性剂进行涂刷，这样使粉层与砖结构墙体形成一个整体，杜绝了墙体粉层起壳、脱落。图 7-25 为修复的叠涩砖、檐口，对于屋面的檐口和戗角，维修时发现原来有老的木戗痕迹，现在虽然已烧毁，但说明楞伽寺塔的每一层以前都是用木质老戗与塔心木进行连接的，由于有了木构件会使塔体更加牢固，也为以后悬挂风铃等晃动物件留下了基础。因此这次对塔的屋面、戗角的维修也恢复了木老戗的结构，在木老戗上再做水戗发戗，最后涂刷经过调配校色并加入 601 水泥改性剂的涂料，既增加了水戗角的牢固度又使得戗角的整体色彩与原色彩基本一致，图 7-26 为修复的屋面及戗角。由于楞伽寺塔位于上方山上，常年受风的影响较大，技术人员在维修时特意对宝塔的最高两层屋面的砖缝都进行勾缝处理，防止因大风造成的砖件松动和脱落，图 7-27 为维修技术人员在修复塔身雕花并对塔身墙体进行勾缝。

本次对上方山楞伽寺塔的修复还进行了较大规模的涂料粉刷，特别是屋面，传统的工艺一般是用焦煤对屋脊、瓦楞进行涂刷，使其侧色彩加深，形成灰黑色。但是这种色彩并不牢固，随着时间的推移会逐步变灰、变白。思成古建与苏州永华涂料厂合作，研发出多种色彩

▲图 7-23 戗角、戗脊和屋面施工

▲图 7-24　修复的壶门穿道铺地、墙壁雕花、倚柱等

▲图 7-25　修复的叠涩砖、檐口

▲图 7-26　修复的屋面及戗角

►图 7-27　维修技术人员在修复塔身雕
花并对塔身墙体进行勾缝

的涂料，对塔刹、屋脊、墙面等进行罩涂，不仅色彩可以调配，还具有不脱落、不结冻、涂刷简便，整体效果好等多重优势。这种技术以前在秦峰塔维修中被大量应用过，直到现在也没有出现任何问题，受到社会各界一致好评。

楞伽寺塔维修工程的最后是对塔基平台进行加固，施工人员将塔基平台的地面进行整修，用小块毛石对受损部分进行铺垫（图7-28），然后在塔身下面钢筋混凝土进行加固（图7-29），这样就可以防止由于基础松动而使宝塔发生倾斜或倒塌。最后对原有的台基的石栏杆、石台阶等有损坏的地方也进行修整，还恢复了《修塔功德碑》和一处钟亭。

由于上方山上楞伽寺已毁，山上仅有孤零零一座楞伽寺塔矗立在山头，显得十分寂寞。这次维修工程不仅全面恢复了楞伽寺塔的原貌，还增添了塔下的石平台和钟亭等小品建筑，使楞伽寺塔不显得孤单寂寞了。

▲图7-28　用毛石对基础破损的地方进行修补　▲图7-29　塔身下部用钢筋网加铺混凝土进行加固

第8章
梵钟法鼓千秋韵
塔照心灯万事和

——镇湖万佛石塔修缮（石材的修整与更换）

镇湖万佛石塔修缮工程简表

宝塔名称	万佛石塔	宝塔级别	全国重点文物保护单位
坐落地址	苏州吴中区镇湖镇西京村（西津村）	工程时间	2012 年 4 月—2012 年 8 月
建设单位	苏州市吴中区镇湖镇人民政府		
设计单位	苏州香洲古代建筑设计有限公司		
施工单位	苏州思成古建园林工程有限公司		
监理单位	无		
工程主要内容	宝塔基座修复（勒脚、铺地、栏杆）、塔身外立面、壶门整修		
项目负责人简介	朱兴男：苏州思成古建园林工程有限公司的创立者，参与苏州文物整修所、苏州文物古建工程处和苏州思成古建园林工程有限公司绝大多数工程项目的策划、设计和施工。这些项目多次被评为"江苏省文物保护优秀工程奖""江苏省文物保护优秀技术奖""苏州市文管会优良工程"等		

  苏州镇湖的万佛石塔是江南地区唯一的一座保存较完整的元代风格石塔。全塔用太湖流域出产的青石叠砌而成，总高 11.4m。还砌有塔刹，塔刹由石刻宝瓶、覆钵、相轮组成。塔身呈方棱形，下宽上窄，下层宽 3.3m，上层宽 2.8m。塔体高 6.5m，四周壶门内刻有浮雕"坐相如来"，佛像的形貌大小相同，每个石雕佛像高约 0.5m，部分佛像头部有损毁。进入宝塔内部的拱门呈火焰状，高 2.1m。全塔的建筑风格古朴、庄重、独特，与人们常

见的中原建筑风格迥异。图 8-1 为镇湖万佛石塔。

　　万佛石塔位于苏州市吴中区镇湖镇西京村（原名西津村）万佛寺内，濒临太湖。现在的万佛寺是一座新建的寺庙，面积不大，僧人也不多。据说寺庙内的万佛石塔原名"禅师塔"，由于当时太湖水患频发，渔民希望借助神佛的力量来抗御太湖水患而自发修建的。也有一种说法是当时元军南下，在这里与宋军大战，伤亡达万余人，为了纪念阵亡将士而建塔追悼将士。不管怎样，临水建造的宝塔一般都与镇压水患有关，同时宝塔还兼有灯塔的作用，它可以在能见度较低的情况下指引太湖的渔民看清方向，及时归航，图 8-2 为万佛石塔

▲ 图 8-1　镇湖万佛石塔

▶ 图 8-2　万佛石塔的上层放灯
可以作为灯塔

的上层放灯可以作为灯塔。根据史书记载，镇湖的万佛石塔始建于南宋绍兴年间（1131—
1162年），后该塔毁于南宋战火，万佛石塔在元大德十年（1306年）重建，明代又有过
多次整修，至今保存的万佛石塔基本是元代的形态。中华人民共和国成立以后，寺庙及万
佛石塔都被保留了下来，观音殿、弥勒殿等建筑尚保存完好，后因扩建西（泾）京小学被
逐步拆建。塔前原有铜鼎，在"大炼钢铁"时被毁。20世纪80年代，政府对其进行过维
修和加固，并建围墙保护。现在的万佛寺也进行过多次扩建和重修。

　　思成古建在2012年接到万佛石塔的维修任务。当时的主要问题是该塔的基座青石因

年久出现风化、脱落，并有局部塌陷情况，如果继续发展下去将对整个石塔造成危害。经过仔细地勘测、调研发现当时主要的险情就是青石塔座有局部塌陷造成，而万佛石塔本身除了外立面有部分风化掉落外，内部的佛像和塔刹都没有问题。考虑万佛石塔当时是江苏省文物保护单位，不宜做大规模的整修，因此维修方案仅对有损坏的宝塔基座勒脚、铺地、台阶、栏杆等进行更换和修复，对壶门券拱和上层外立面的浮雕佛像进行有限的局部修整，而对于塔内佛像均保持原样。

万佛石塔修缮工程主要是针对塔座进行维护，因此工程难度并不大，它的主要难度是需要采购到明代以前的太湖青石。太湖流域的青石自古以来都以坚硬、细腻、色泽清白著称，图 8-3 为太湖青石雕刻的花盆底座。以太湖青石作为原料的白灰，很早就被认为是最好的建筑材料，用太湖出产的白灰来搅拌砂浆，能使砂浆浆体细腻，粘结性好，白灰融水以后的爆裂程度高，也能大大节约材料。因此吸引全国各地的建筑业同行都来购买太湖白灰，最后造成了太湖青石资源日益枯竭，这种情况下要找到一块真正的太湖青石材料就非常困难了。在镇湖万佛石塔的维修方案出来后，思成古建的采购人员就开始在拆迁的古建

▲图 8-3　太湖青石雕刻的花盆底座

筑里面寻找旧的青石材料，当时的方案要求是：在外观能见度较高的地方如基座栏杆、勒脚、侧塘石、雕刻构件等一定要保证使用同类型的太湖青石，这样才能使维修后的万佛塔保持原有风貌。在采购人员的努力下，终于找到了几块大的太湖青石，经过分割后基本可以满足宝塔基座的更换需要。由于材料珍贵，不能有浪费现象，为此思成古建特意请来了在苏州古建筑行业有"活李春"之称的石工殷林男先生来主持宝塔基座的施工。万佛石塔的维修工程首先从新铺基座的石板地坪开始，图8-4为基座铺地和栏杆的整修，然后整修基座的栏杆，图8-5

▶图8-4 基座铺地和栏杆的整修

▲图8-5 更换的基座栏杆石柱

下篇 修塔

99

▲图8-6 修整完成的基座侧塘石

为更换的基座栏杆石柱，更换侧塘石和修补基座勒脚，图8-6为修整完成的基座侧塘石、图8-7为风化严重的基座勒脚进行修补，最后就是对严重损坏的塔身、上层壶门中的浮雕佛像以及塔刹进行修补、翻新和加固处理。图8-8为壶门的修补、图8-9为顶层佛像及塔刹修补，对于顶层佛像的修复，施工人员采用了比较谨慎的态度，做到最小程度地干预，如四面壶门的四个佛像有一个的头部已经损毁，在修复时参照其余三个的样子重修雕刻一下，修复上去也是可行的，但是施工人员并没有去重新雕刻更换石料，而是依然保留了损坏的形象，使万佛石塔完全保持了修复前的原样。

▲图8-7 风化严重的基座勒脚进行修补

▶图 8-8　壶门的修补

▲图 8-9　顶层佛像及塔刹修补

▲图 8-10　上小下宽，形似蒙古包的塔室

　　万佛石塔最著名的就是塔洞内的一万多个石雕小佛像，宝塔内部只有一间塔室，塔室形似蒙古包，上小下宽，图 8-10 为上小下宽，形似蒙古包的塔室。底部直径 2.14m，顶部直径 1.65m，壁高 3.75m，下部设有 0.74m 高的须弥座。须弥座正中束腰处有修塔题"澄觉精舍记"，左侧刻有"吴门石匠吴德谦昆仲造"，从这些文字可以考证出该塔的建造年代和石佛像的雕刻者。须弥座上环筑十层武康石块，并刻满一排排浮雕小佛像。佛像高 4.5cm，宽 3.5cm，一个个五官可辨，结跏趺坐在莲座上，图 8-11 为武康石块上雕刻的小佛像，这些小佛像每排平均有 180 尊，共 60 排，总计 10800 尊，"万佛宝塔"名称由此而来。后经仔细勘点，塔洞中实有佛像 10022 尊。正对塔门的一尊佛像是最大的，高约 30cm，宽 20cm，此像为佛祖释迦牟尼，图 8-12 为最大的释迦牟尼佛像，以示万佛端坐恭听佛祖在讲经说法。仔细看，这 1 万多尊佛像有一半都是残缺的，大多数佛像的佛头被

◀图 8-11　武康石块上雕刻的小佛像

▲图 8-12　最大的释迦牟尼佛像

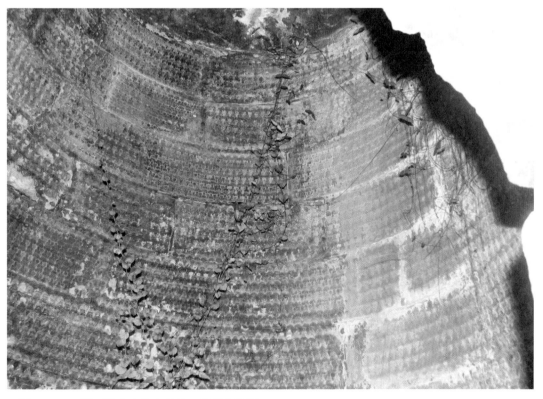

▲图 8-13　万佛石塔内自然生长的一株绿色藤蔓

毁，甚至连最大的释迦牟尼佛的佛头都是后来加装上去的。一般认为这是"文革"留下的印记，其实并非如此，因为当地老百姓中传说，吃了石佛像的石粉可以治病，千百年来许多佛像都被老百姓刮去治病了，造成许多佛像都面目不清了。这次维修工程人员对万佛石塔的内部并没有做维修保养，甚至连一株自然生长的藤蔓都未去清除，使万佛石塔内保持着自然生态的环境，图 8-13 为万佛石塔内自然生长的一株绿色藤蔓。

镇湖的万佛石塔，基本可以判定为明代整修的元代建筑，由于元代是外民族统治中原的时期，当时的统治者重武轻文，他们在江南地区甚至中原大地所留下的建筑遗存并不多见，万佛石塔从外形和文化价值上看，在同类建筑中已经是绝无仅有的，价值极高。因此党和政府对这个万佛石塔非常关心，在 20 世纪 80 年代，有关部门对其进行维修和加固，并建围墙保护。1997 年，镇湖镇人民政府又请来专家对万佛石塔进行修复，这次除了清洗烟熏的黑色、加固塔基、补充填基物、加盖石栏外，对佛像的恢复，专家也无能为力。但专家在塔顶部位找到了"天宫"。"天宫"虽已被盗挖过，但也留下几块明朝的碎瓷。后来西京小学被搬迁，扩建了四周围墙，建造了万佛寺大门。在高新区政府、镇湖街道和宗教界的全力修复和努力保护下，万佛石塔于 1956 年列为江苏省文物保护单位，于 2013 年列为全国重点文物保护单位。如今镇湖的万佛寺不仅修复、重建了大雄宝殿、万佛殿、法堂、五佛殿、山门殿、杜鹃楼等，还在十余间寮房的房前屋后及庭院内外、空闲场地都栽植上花卉、树木等绿化景观，图 8-14 为整修一新的万佛石塔及万佛寺，使得有近千年历史的万佛寺和万佛石塔显得生机勃勃。

▲图 8-14　整修一新的万佛石塔及万佛寺

第 9 章
海风吹幻影
颠倒落方诸

——虎丘云岩寺塔整体维护（塔身墙面修补及防水处理）

虎丘云岩寺塔整体维护工程简表

宝塔名称	云岩寺塔	宝塔级别	全国重点文物保护单位
坐落地址	苏州市虎丘风景名胜区虎丘山顶	工程时间	2015 年 3 月—2015 年 12 月
建设单位	苏州文物保护管理所（苏州虎丘风景名胜管理处）		
设计单位	浙江省古建筑设计研究院		
施工单位	苏州思成古建园林工程有限公司		
监理单位	苏州市建华建设监理有限责任公司		
工程主要内容	外立面整修局部更换残损瓦件、塔体特种材料罩铺、新装防雷系统、塔身倚柱修复、塔身杂草清除、塔体护栏加高、塔基地面石板铺装		
项目负责人简介	陆革民：瓦工技师、高级工程师，香山帮技艺传承人。参与过寒山寺罗汉堂、虎丘云岩寺塔、千灯镇秦峰塔、苏州文庙大成殿等重大文物古建项目的维修工程。这些项目多次获得省、市级"优秀工程"奖和文化部门"优良工程"荣誉。从事古建筑行业 38 年，在业界具有一定知名度		

  苏州虎丘山上的云岩寺塔是一座千年古塔，它被看作是苏州古城的标志，云岩寺塔不仅是苏州一大著名景点，也是中国现存最古老的砖塔之一。云岩寺塔的塔身设计体现了唐宋时期的建筑风格。宝塔建成后从北宋直至清末，曾遭到多次火灾，导致塔身的木檐挑出部分均遭毁坏，现在所看到的云岩寺塔是一座"裸塔"，残塔身高 47.7m，且向北偏东方向倾斜 2.34m，倾斜角度为约 2° 49′。我们现在看到的云岩寺塔是向东北方向倾斜的。有"东

方比萨斜塔"之称，其实云岩寺塔的建成年代要比意大利比萨斜塔更早400多年。图9-1为150年前的云岩寺塔尚存木结构塔檐、图9-2为维护工程前的云岩寺塔外貌。

　　由于云岩寺塔历史悠久，又是全国知名的风景名胜，这里游客众多，再加上云岩寺塔是首批国家重点文物保护单位，因此要实施云岩寺塔的维修和保养工程难度非常大。根据苏州市修塔专家考证，认为这座宝塔在历史上曾经有过几次重建，第一座塔最迟应出现在南朝时期；第二座塔建于隋朝时期；第三座建于唐代；现在人们见到的虎丘山上的云岩寺塔已是第四座塔，这座塔建于五代的最后一年即后周显德六年（959年），直到北宋建隆二年（961年）才造好。尽管这个时间还存在种种疑问，有待更多的文物发现和后人考证，但是我们在研究云岩寺塔的构件中至少可以见到唐、五代、宋、元、明、清等不同时期的砖瓦和木构等材料，这些构件材料现在每一件都是文物，对于云岩寺塔和虎丘地区的历史研究有着极其重要的价值，在维修过程中一定要保持原样，千万不能随意破坏。

▲图9-1　150年前的云岩寺塔尚存木结构塔檐
（罗哲文先生翻拍于国外保存资料）

▶ 图 9-2 维护工程前的云岩
寺塔外貌

云岩寺塔在中华人民共和国成立以后主要进行过两次大修，即 1957 年的大修和 1986 年大规模维修，特别是 1957 年的大修在云岩寺塔内发现了"阿育王塔""秘色瓷莲花碗""妙法莲华经"等珍贵文物，引起考古界和文物古建界的普遍关注。图 9-3 为云岩寺塔内宝物：铁铸金涂舍利塔、图 9-4 为秘色瓷莲花碗。

此次维修是中华人民共和国成立后的第三次大修，也是云岩寺塔近 30 年来的首次大规模保养性维修，为此，2011 年苏州市文物保护管理所委托专业单位编制了《苏州云岩寺塔保养维修方案》，并获国家文物局审核通过。经过周密筹备和多次论证，云岩寺塔的第三次维修采用招标方式进行。

2014 年 11 月 26 日由思成古建中标该维修工程。保养维修工程中标后，思成古建立即组成由技术人员、文物保护专家和古建筑专家等组成的工程指挥部，早期进入现场进行勘测、调研和筹备工作。还多次与工程设计单位和文物部门的专家一起进入实地周密调研。经测定，云岩寺塔为仿楼阁式砖木结构，呈平面八角形，共有七层，由于原来的塔顶毁于雷击和兵火，现塔身全为砖砌，高度 47m。整塔重量约 6000 多吨。从明代开始，云岩寺塔就向西北倾斜，目前形成塔顶中心偏离底层中心 2.3m，斜度为 2° 40′。云岩寺塔

◀图9-3 云岩寺塔内宝物：铁铸金涂舍利塔

▲图9-4 秘色瓷莲花碗

在 1957 年大修中采用对塔身每层加三道箍筋进行加固，使宝塔得到稳固，不再继续倾斜，随后的 1986 年大修，又采用了围桩、钻孔注浆的方法加固了虎丘云岩寺塔的地基，这样云岩寺塔的地基沉降和塔体倾斜都得到了有效控制。图 9-5 为 1957 年维修时修复的倚柱、图 9-6 为 1957 年大修中围桩浇筑桩顶环梁时的情景、

左 ▲图 9-5　1957 年维修时修复的倚柱

中 ▲图 9-6　1957 年大修中围桩浇筑桩顶环梁时的情景

右 ▲图 9-7　1986 年维修钻孔注浆情景

图 9-7 为 1986 年维修钻孔注浆情景。

2014 年距离 1986 年大修已过去近 30 年，由于云岩寺塔的木结构塔檐早已全部被毁，宝塔已经失去了外面的遮掩物，由于长期日晒雨淋，2014 年维修时的云岩寺塔出现了塔体渗水、粉刷剥落、植物丛生、局部风化严重等现象。根据《苏州云岩寺塔保养维修方案》，苏州市园林局和文物局多次修改了云岩寺塔的大修方案，还专门邀请了国家文物局专家库核心专家、浙江省古建筑设计研究院院长黄滋先生来现场实地考察，进一步完善此次的大修方案。并获国家文物局审核通过。这次的保养维修工程内容包括 10 个方面：（1）结构保养，包括外立面整修、墙体开裂勾缝等，主要是防止塔体有碎砖和墙缝泥土脱落；（2）塔体进行特种涂料罩铺，起到防水、构件防风化、防生物侵害等；（3）按照最新标准安装防雷装置；（4）倚柱修缮，由于长期的风化侵蚀，塔层的倚柱已出现裂缝和前次修复加固的钢筋出现膨胀等现象，这次要对 1957 年补设的倚柱进行拆除并重砌，消除护角钢板锈胀产生的裂缝；对于非结构性的小裂缝采用胶粘剂注射封闭，防止雨水渗入后因结冰和吸水膨胀等对塔身造成进一步的破坏；（5）塔身杂草清除，云岩寺塔塔体上由于鸟雀等衔来的果实种子等已经在塔体上生根甚至长出树苗，继续生长必将对云岩寺塔造成威胁，所以此次要将塔身上所有树木杂草进行清除；（6）宝塔的室内防雨、防尘和防风化处理；（7）对宝塔的斗栱构件进行维修，将已经糟朽的构件进行更换；（8）塔顶维护、排查渗漏点，做防水处理，更换残损瓦件；（9）对虎丘云岩寺塔周边的围墙进行加高；（10）更换塔基周边铺地。塔身周围原有小青砖为 20 世纪 80 年代铺设，既与传统做法不符，又不利于排水，现在恢复成石板铺地。由于云岩寺塔是国家级文物，所以修复工程要慎之又慎，施工的每一项工作都事先进行周密计划，上报各级部门进行论证，经批复后才能开工。这次修复工作的主要目标是，保持云岩寺塔的原来风貌，对于影响宝塔整体和没有把握的项目原则上不动，只是进行局部修复和加固，使塔身的碎砖等不往下掉，保证云岩寺塔周边游客的安全。对于社会上比较关心的塔内彩画和浮雕等，并不在此次维修的范围内。因此维修后云岩寺塔在外观上不会有很大变化。在整个维修工程中，有关部门会派出专业人员进行跟踪测绘，以完成云岩寺塔的三维可视化激光扫描建模工作。

由于前期十分慎重地进行了大范围的考察调研和专家论证，同时也为了保证 2015 年春节期间的游客参观和一年一度的虎丘庙会正常进行，思成古建和虎丘景区管理部门协商后决定于 2015 年 3 月 2 日正式开工。当日，脚手架工程人员首先进入工地施工。正式拉开了云岩寺塔的第三次大修工程序幕。

云岩寺塔的维修脚手架搭建是整个工程的基础步骤，工程指挥部邀请了苏州市文物局专家进行研究，专门为脚手架的安装制订了详细的施工方案。根据文物保护和施工承重的需要，脚手架的搭建存在着四大难点：（1）脚手架高度和宽度，根据云岩寺塔总高度进行测算，维护工程需要脚手架高度 42m 以上，宽度 6m，属于超高超宽脚手架；（2）需要解决脚手架自重对塔基沉降的影响以及风荷载对脚手架造成侧向变形的影响；（3）考虑施工安全和专家们的近距离观察、指导以及测绘人员的数据采集，必须保证脚手架的强稳定性；（4）所有脚手架的连接和固定不能与塔体的墙有连接部件，以免损伤塔体文物。

经过专家们的现场考察和论证，形成了脚手架施工方案，根据此方案，脚手架的很多节点需要双层钢管或横向五排铺设，上下坡度要控制在45°以下，八个面的拐角处需要在塔身周边设置地锚加拉两道钢丝绳固定架体，这样就大大增加了脚手架的长度和底层占地范围，所需要的钢管材料也将增加。原预算的脚手架钢管大约需要60吨，现在增加到180吨以上。由于云岩寺塔周边场地空间比较小，180吨钢管的运输、堆放和搭建都存在不小的技术难题。经过周密计算，现场采用分批运输，材料随到随建的方法，施工单位与虎丘景区管理处联系，合理围合了工地范围，开辟了一条建筑材料上山的专门通道，将脚手架搭建材料的余量控制到最低点，保证脚手架施工进展，图9-8为用于固定斜拉钢筋的地锚坑、图9-9为脚手架与塔身距离保持在2m左右、图9-10为文物专家和工程技术人员站

▲图9-8 用于固定斜拉钢筋的地锚坑

在脚手架上近距离观察塔体情况。

云岩寺塔维修工程的脚手架搭建高度为42m，横距1.2m，纵距1.5m，靠近塔身的两排因要承受上部逐步挑出的重力，该排的纵距设为0.75m，因此，需要在纵距1.5m的中间再加一根立杆；由于云岩寺塔塔身向东北倾斜，此方向的脚手架不需要向塔身挑出，该部位的立杆纵向间距1.5m不变，步高1.8m。靠塔身的两排立杆采取双立杆到顶，其他立杆18m以下用双立杆加强稳定性，24m以上采用单立杆。为了使脚手架更加稳定并能承受山上侧向风压，同时为配合景观展示和减少高处风的荷载力，云岩寺塔维修的脚手架采

▲图 9-9　脚手架与塔身距离保持在 2m 左右

▲图 9-10　文物专家和工程技术人员站在脚手架上近距离观察塔体情况

用通透的方式，脚手架四周不围防护安全网，在施工期间，大家通过脚手架的钢管还能依稀看到云岩寺塔的身影，"东方比萨斜塔"奇观不会完全消失在人们的视线中，图9-11为云岩寺塔全面搭建脚手架进入维护工程实施。工程人员还在塔的西侧地基设置了地锚，用钢丝通过地锚设置缆风绳拉住脚手架架体，使脚手架在大风中可以保持稳定。脚手架施工时间在 3～4 月间，此时苏州地区正处在春夏之交季节，多有大风、暴雨等恶劣天气，由于准备充分，云岩寺塔的维护工程都能按计划逐步进行，其中在 2015 年 4 月 28 日，苏州南部地区遭遇百年一遇的大风和冰雹的袭击，舟山村很多房屋受损，正在施工中的虎丘脚手架工程却没有受到丝毫影响。经过 2 个多月的施工，整个脚手架工程于 2015 年 5 月 20 日全面完成（图9-12）并顺利通过思成古建和有关部门的验收。

云岩寺塔保养维修工程的脚手架搭建工程原计划时间为一个月左右，由于此次脚手架

▲ 图9-11　云岩寺塔全面搭建脚手架进入维护工程实施

▲图 9-12　脚手架工程整体完成

安装的难度要超出预期，因此脚手架工期有所延迟，使整个工程延期。

　　脚手架工程通过验收后，紧接着就全面开展对云岩寺塔的维护和整修。维护工程按照事先的计划由上而下逐步进行。需要对塔顶进行清扫、对塔顶覆钵和避雷系统进行全面改造和修复。云岩寺塔塔顶原来由塔砖叠涩而成，内成穹顶，塔顶铺设筒瓦。现塔顶瓦面已毁，仅在西南方向有 2 垄、南侧、东南侧与东侧各有 3 垄残存少量瓦件，在下部窝固的灰浆与瓦件存在空脱、松动，部分底瓦碎裂的现象，固定瓦面的瓦钉少之又少，且暴露于外，锈迹斑斑，塔顶坡度超过十举，比较陡，潜在的安全问题比较突出。由于瓦面已毁，在内部穹顶处在多处漏点水渍可见。塔顶砖胎表面有大量的水泥砂浆存在，已有脱壳、剥落的发生，触手即落，从施作的迹象与手法来看，当时是为了封堵塔顶砖胎灰缝不饱满的缺陷，尽可能地提高砌体的自身防水能力。由于风化脱落，水泥砂浆并没有全部封堵砖胎的灰缝，塔顶砌体灰缝还存在垂直缝没有灰浆的现象。现在宝塔稳定了塔基，控制了倾斜，其根本问题已经解决的情况下，塔顶的防水、防漏对云岩寺塔的整体保护与保存状态非常关键。上一次的工程维修，在当时的情况下，所有目光与焦点都集中在塔体倾斜与地表水对地基基础的影响，相对于整体防水的考虑相对弱一点，而事实上对于整体防水是仅次于解危的第二大问题，苏州地区的气候条件，同样考验云岩寺塔的保存状态，所以此次维护与保养应对塔顶的防水进行重点处理。对覆钵进行除锈处理并用新型胶粘剂进行加固，还对覆钵开裂混凝土部分进行修补，还增加了一道腰箍，防止顶层混凝土的进一步风化、崩裂，同时对已经锈蚀失去传导功能塔顶避雷铜线进行更换，先保证金属导线的传导功能正常，随后在维修工作收尾时，再做好避雷针的接地装置安装，图 9-13 为塔身砖体残破；图 9-14 为砖体裂缝、纸筋脱落；图 9-15

▶图 9-13　塔身砖体残破

▲图 9-14　砖体裂缝，纸筋脱落

下篇　修塔

▲图 9-15　塔顶瓦件空脱、碎裂

▲图 9-16　塔顶覆瓦渗水、脱落

为塔顶瓦件空脱、碎裂；图 9-16 为塔顶覆瓦渗水、脱落；图 9-17 塔身杂草丛生。

　　此次云岩寺塔的维修重点是对风化的塔身进行清扫、对塔身裂缝、脱落的纸筋进行捻缝、修补，对破损的倚柱进行勾缝或新砌，对于所有倚柱打开后增涂两层防锈漆，以防止倚柱内钢筋的进一步锈蚀。塔的腰檐、平座为塔砖叠涩。腰檐铺作层，一至四层为五铺作双抄偷心造，五到七层为四铺作单抄计心造。平座铺作层，除二层为五铺作双抄偷心造外，其他均为四铺作单抄计心造。腰檐铺作与平座铺作出的挑撩檐枋、罗汉枋与素枋间均设竣脚椽（从砖胎可见，粉刷层现状残留为如意遮椽板）。目前腰檐与平座是 1957 年与 1986 年两次修缮过程中修补比较多的部位，本次维修主要对檐口、塔檐压顶砖断裂的部分取掉断砖，维持现状，不做修补。对欠火砖而且已呈龟裂状的檐口进行剔除，减少对砌体的扰动。平座压口砖、塔檐压顶砖剔除后用 1：3 的水泥砂浆进行补砌，做到剔一块补一块，以不增不减为原则。对外挑的叠涩砖因掉砖后造成外挑尺寸大于半砖的砖防止继续掉坠，定制 6 ~ 10 ~ 8mm 矩形不锈钢钎，在下部灰缝钻孔植入，一砖二钎，植入深度不少于40mm，植入前钻孔用 1：1 水泥砂浆注浆填孔，植钎应交替进行，植入后在初凝前清除扎口 10mm 深的砂浆，待与整体勾缝修补时一起处理。为消除叠涩砖外挑过长的缺陷。但凡出挑华拱已被改为砖直接出挑砖，已断裂的用隐木更换。

　　由于华拱、令拱隐木的安全可靠是保证平座斗栱、腰檐斗栱保存状态的基础，也是塔檐、平座掉砖的原因之一，更是本次维护工程的重点之一。隐木揭除表面开裂的水泥砂浆后，用针刺法全面检查，如检查底层腰檐西面左侧补间斗栱的状况，如果有已经腐朽的隐木，给予更换，保存完好的与更换的隐木在表面涂 5% 的砷铬铜合剂进行防虫、防腐处理。考虑隐木的耐久性，在其表面做麻筋灰保护层，厚度控制在 8mm。为保护层与隐木有良好的结合，在隐木两侧的上部与角部钉 $\phi1mm \times 13@30$ 的不锈钢钉，绑扎双层双向的双股棉纱线，封闭在粉刷的保护层内，麻筋灰用料水调成塔砖色彩（干透后），然后与整体塔身一起做防水、防风化处理。

通过初步维护发现，现在云岩寺塔突出问题是 1957 年维修时所加围箍与设置在倚柱内护角钢板锈蚀、膨胀后，胀裂外部防护体而产生裂缝。1957 年的加固措施是在每层的平座下、阑额处与楼层处用 $\phi38$ 的钢筋围箍 3 道，围箍在转角处折成弯钩状相互勾连，居中用法兰螺丝连接、收紧，共 21 道。并在每层楼面的东西方向和南北方向进行对拉，浇筑在楼层混凝土与楼层围箍固结在一起，共 14 根。每层倚柱内设宽 600mm，厚 9mm 的钢板，衬在楼层围箍与阑额围箍的转角内，每层 8 处，共 56 块。发生胀裂的位置主要发生在倚柱护角钢板两侧与倚柱护角钢板上端与阑额围箍交接的位置。阑额围箍与平座围箍相对较少，楼层位置的围箍保存较好。总体来看，从分布的位置、裂缝数量，水平围箍总体保存较好。大量的裂缝出现倚柱上，其保存状况相对较差，经研究和论证，采取的维护方法是：将 1957 年补设的倚柱拆除重新砌筑。其他非结构性的、结构性的细小裂缝，随着防水、防风化处理的需要进行填补，填补后的裂缝还能显示，不会被掩盖，不影响再次对裂缝的分析与判断。现裂缝主要采用德国芬考胶粘剂 SAE500STE 与芬考填料配合后进行注射封闭。水平围箍表面细小的裂缝用芬考胶粘剂 SAE500STE 与芬考填料配合后进行注射封闭。这种材料用于多孔性岩石或砖时，能达到很高的渗透深度，并和孔隙中的水分及潮汽发生反应，形成无定型的二氧化硅胶泥，使酥松的、风化的岩石或砖内部得到粘结性增强，并保持干燥状态，十分符合宝塔维护的要求。对于外壁维护需要拆除护角钢板外侧后加的倚柱与修补的水泥砂浆，清除表层锈斑后，用钢丝刷进行干洗去除浮锈，外贴 3mm 厚的单面砂改性沥青防水卷材 (SBS)，粘贴宽度宽于钢板两侧各 20mm 与塔壁连接，塔壁粘贴处 20mm 宽的部位先做一道憎水处理。护角钢板居中位置预先焊接 $\phi6$ 钢筋与最后恢复倚柱的砌体进行拉接。最后，在面层做一度芬考护培膏进行憎水处理。使整体的防水。防水、防风化能力得到提高，图 9-18 为人工清扫塔体外立面、图 9-19 为覆钵上加一道金属箍、图 9-20 为六层上新砌的倚柱、图 9-21 为工人们进行勾缝、填充操作。

修补完腰檐、平座、华拱、令拱隐木、倚柱、墙体等部位后还需对整个塔身进行硬度增强和憎水剂的罩铺，防止砖塔的自然风化和雨水再次渗透对宝塔造成的损坏。憎水剂仍使用产自德国的材料，防水使用芬考 SNL 墙面憎水保护剂。这两种新型材料由德国莱默建筑材料技术有限公司研制和生产，经苏州市建筑科学研究院集团股份有限公司和上海同济大学建筑材料研究院的专家进行反复研究论证并和国内类似项目实地考察后选定的。由于是首次使用该种涂料，为慎重起见，思成古建将由材料学专家和苏州市建筑科技研究院拟定的方案上报有关文物部门，经文物部门审核通过后，严格按拟定的施工程序进行施工。

▲图 9-18　人工清扫塔体外立面

▲图 9-19　覆砾采用环氧树脂密封加固

在施工前思成古建联系材料生产单位对施工人员进行培训，确保施工过程符合规范。先在塔身表面做 4 度 F300 芬考岩石增强剂（使溶剂能够在砖体充分渗透，保证砖块强度能够做内外一致）进行防风化处理。然后再进行 SNL 芬考墙面憎水保护剂整体的施涂。这种憎水保护剂对于温度和湿度有较为严格的要求，且每度喷涂后必须经 24h 待塔砖完全干透后才能进行再次施工，为此，施工时间选择在黄昏时分进行，这样每次喷涂后等到第二天即可进行再次喷涂。思成古建规定：在施工过程中如遇降雨等情况，须立即停止施工，待

▲图 9-20　六层上新砌的倚柱

雨停后一周左右，砖块完全干燥后方能继续施工，这样就确保新型防水涂料能完全发挥其
应有的效果。经严格规范的防水、防风化处理后，并对每一次操作进行先试样，确保使用
效果后再进行施工，保证云岩寺塔不会因使用化学材料后改变塔身表面颜色，也不会留下
任何残余物，图 9-22 为使用喷涂后壶门外墙立面、图 9-23 为维护工程完成后云岩寺塔

▲图 9-22 使用喷涂后壶门外墙立面

下
篇
修
塔

的整体形象。

　　维修中还发现：三层以上的多数壶门的部位出现局部砌砖塌陷、漏筋等问题，因此，决定对壶门进行木柱支撑后，再全面修整壶门圈拱、修补裂缝。另外考虑云岩寺塔地基不稳和安全等因素，此次维护工作将对云岩寺塔周边的护墙进行加高和塔基地面的皇道砖铺地改换为石板铺地，全面消除因雨天道砖吸水使塔基周围土层松动造成基础不稳的隐患，图9-24为对于损坏壶门进行木柱支撑、全面修复；图9-25为对宝塔四周的围墙进行加高处理；图9-26为工人在西北方向安装防雷引下线；图9-27为开挖避雷针接地观察井的位置。

▲图9-23　维护工程完成后云岩寺塔的整体形象

▲图9-24　对于损坏壶门进行木柱支撑、全面修复

◄图 9-25　对宝塔四周的围墙进行加高处理

▲图 9-26　工人在西北方向安装防雷引下线

▲图 9-27　开挖避雷针接地观察井的位置

　　本次云岩寺塔维修工程还有一个重要工作就是对云岩寺塔进行一次全面测绘。测绘工作由苏州市测绘院有限责任公司采用最新的高精度激光扫描设备采集云岩寺塔的三维激光点云精密数据，便于对宝塔的几何形态与空间结构进行数字化存档。三维激光扫描技术在文物与古建筑保护的应用中有着特殊的意义和价值。运用三维激光扫描技术可以在不接触的情况下获得文物与古建筑表面的三维激光点云数据，然后对点云数据进行处理与建模，能详细地记录文物与古建筑的空间三维信息，为文物保护与古建筑的修缮与重建提供精确、翔实的资料。此次勘测无死角采集云数据约 60 亿个，其中有效数据约 43 亿个，点位精度达 2mm。详细地记录了古塔的三维几何信息和纹理信息。利用这些数据，苏州市测绘院有限责任公司制作了云岩寺塔平立面图和三维几何模型，可为古塔的修缮保护，包括现状信息存档、定量定性病害面积统计、虚拟修复、病害监测等提供准确翔实的决策参考。同时，该院还利用虚拟三维仿真建模技术制作了虎丘云岩寺塔三维漫游系统，能使社会公众通过网络平台"畅游"虎丘景区，实现"数字登塔"，并能观赏平时难以触及的塔内文物。图 9-28 为在云岩寺塔内部进行测绘、图 9-29 为塔内壶门口上放置的测绘点标记、图 9-30 为测绘人员在脚手架上对塔身进行精准测绘。

▲ 图 9-28　在云岩寺塔内部进行测绘

▲ 图 9-29　塔内壶门口上放置的测绘点标记

▲图 9-30　测绘人员在脚手架上对塔身进行精准测绘

云岩寺塔经过此次大修，隐患得到根本排除，塔身整体防水、防风化能力得到提高。这座古塔在今后的几百年中完全能够抵御自然风化以及地面沉降等不利因素的影响，不会有倒塌的危险。我们及我们的后代子孙依然能够看到云岩寺塔那高耸入云、古朴雄奇的身影，图 9-31 为云岩寺塔维护工程完工后的宝塔雄姿。

▶图 9-31 云岩寺塔维护工程完
工后的宝塔雄姿

第 10 章
晴开海国万方仰
驭转乌轮一柱先

——晋江瑞光塔（白塔）修缮（异形材料的配制）

福建晋江瑞光塔（白塔）修缮工程简表

宝塔名称	晋江瑞光塔（白塔）	宝塔级别	全国重点文物保护单位
坐落地址	福建泉州晋江	工程时间	2016 年 3 月—2016 年 10 月
建设单位	福建泉州晋江市人民政府		
设计单位	清华大学建筑设计研究院		
施工单位	苏州思成古建园林工程有限公司		
监理单位	福州市古建筑设计研究所		
工程主要内容	更换塔心木、外墙面抹灰、屋面斗栱修缮更换损毁瓦件、屋面除草		
项目负责人简介	张明：古建施工瓦工领班、江苏省乡土人才、古建筑现场施工负责人。参与过苏州文庙大成殿修缮、福建晋江瑞光塔（白塔）抢险加固工程、虎丘云岩寺塔维护修缮工程、东山紫金庵修缮等重大文物古建项目。项目多次获得省、市文化部门"优良工程"。张明从学校毕业即投身古建筑行业，在业界青年技术人员中具有一定知名度		

　　福建泉州市的晋江瑞光塔（白塔）坐落在泉州市晋江和安海的交界处，这里原有东、西两寺，一座著名的安平桥（五里桥）将晋江和安海两个地区全面联系起来，形成了现在的"安平桥景区"（图 10-1）。景区内有一座非常著名的宝塔，人称"白塔"，据考证：这座白塔原是西面寺庙内的宝塔，大约在南宋绍兴二十二年（1152 年），乡里人用造桥的余资在西桥头建造了这座砖塔，取名为"瑞光塔"。后来更名"文明塔"，又由于其通体呈灰白色，俗称"白塔"。其实瑞光塔（白塔）在建造时称"西塔"，是与东面寺庙内

 图 10-1　福建泉州安平桥景区

的东塔"龙兴塔"相互对应的。由于"龙兴塔"已于清康熙三十四年（1695 年）大雨中倒塌，现在只剩下这座由民间集资建造的瑞光塔（白塔）巍然不动，成为"安平桥景区"内的一大景观。

　　瑞光塔（白塔）呈六角形，共五层，高 22m，为砖石仿木空心楼阁式结构。瑞光塔（白塔）的每层均有六个塔檐，除最高层有六个拱门外，其余四层只有对着安平桥的西面筑有一个拱门，余下五面只筑拱形龛。塔顶塔刹为一巨形葫芦，直指天空，图 10-2 为瑞光塔（白塔）。而塔座的六角形基座均在拐角处设有一尊石浮雕力士像承托，力士造型各异，赤足袒胸，反剪着双手跪着，头部顶住半圆柱，表情相当生动，图 10-3 为瑞光塔（白塔）基座角上的浮雕力士造型。由于当年的西塔寺今已废。明万历三十四年（1606 年）、柱国太傅礼部尚书黄汝良倡议修塔并将瑞光塔（白塔）更名为"文明塔"。东边的"龙兴塔"倒塌以后，民众对瑞光塔（白塔）更加珍视，历代都有着多次修塔的记载。此后，瑞光塔（白塔）还带动了安海的文化兴旺，在明代时安海登进士榜者有 21 人，登乡榜者 71 人，而明代嘉靖庚寅（1530 年）至清代道光庚寅（1830 年）300 年间，有 14 名科举及第者登上了瑞光塔（白塔），点亮了四周的大红灯笼，这里逐渐促成了"白塔点灯，金榜题名"的文人佳话。史料中最后一次修塔记录是清康熙五十八年（1719 年）的重修塔尖。从民国到中华人民共和国成立以后，特别是瑞光塔（白塔）和安平桥被列为"全国重点文物保

下篇

修塔

129

▲图 10-2 为瑞光塔（白塔）

▲图 10-3 瑞光塔（白塔）基座角上的浮雕力士造型

护单位"以后，当地政府和民间自发筹资也对瑞光塔（白塔）进行过多次整修，但这些维修由于规模不大，只能见到零星记录。

2014 年 6 月，瑞光塔（白塔）第四层的塔檐坍塌，将底下三层的塔檐砸落，图 10-4 为塔檐坍塌后的瑞光塔（白塔）状况、图 10-5 为三、四层塔檐损坏情况。随后有关部门多次组织专家对瑞光塔（白塔）进行"会诊"。由于瑞光塔（白塔）是国家级文物保护单位，修缮工程需要层层审批，直到 2014 年 9 月，晋江文物保护部门向国家文物局提交瑞光塔（白塔）修缮申请报告并邀请清华大学建筑设计研究院同步编制瑞光塔（白塔）修缮方案，2015 年 1 月，国家文物局对瑞光塔（白塔）维修正式立项，3 月获福建省文物局批

▲图 10-4　塔檐坍塌后的瑞光塔（白塔）状况

▲图 10-5　三、四层塔檐损坏情况

复。历时一年多，瑞光塔（白塔）修缮工程最后由思成古建中标，瑞光塔（白塔）修缮进入实质性施工阶段。

思成古建的施工人员进入维修现场后发现，除了四层塔檐掉落以及砸坏下面几层塔檐外，瑞光塔（白塔）还存在塔心木朽烂、瓦面坍塌，墙面粉层脱落等问题，这些需要在维修工程中得到解决，否则这座瑞光塔（白塔）还处在危险的境地。维修工程师的建议很快得到维修方案设计方清华大学建筑设计研究院设计师们的响应，他们与思成古建的工程人员一起修改和完善维修设计方案，并征得各级文物专家的认可，如材料应用、粉层色泽确定等都经过几次修订才最终形成一致。

2016 年 3 月工程正式开始施工，首先是搭设脚手架，由于需要更换塔心木和在墙体上涂刷粉层，需要将瑞光塔（白塔）整个围起来，搭设脚手架时已到了 6 ～ 7 月，正处于福建台风季节，为了加强稳定性，在瑞光塔（白塔）周边挖了 6 个坑洞，每个坑洞设定地锚桩，并将分别用 6 条 20 多米长的钢绳连接脚手架与地锚桩。"这样一来，脚手架更为稳定，不会晃动，即使遇到台风天气也不用担心脚手架的稳定性，能够更好地保障塔身施工及驻扎周围的施工人员的安全。"图 10-6 为搭建脚手架，瑞光塔（白塔）进入待修状态。

瑞光塔（白塔）维修工程首先要拆除大葫芦形的塔刹进行更换塔心木以及修复宝塔三、四层塔檐的损坏部分，这是整个工程的重点也是难点。更换塔心木要经历拆除塔顶、取出原有塔心木和修复更换塔心木、重新复原塔顶等几个步骤。维修人员登上塔顶后发现原有的葫芦形塔刹已经出现风化，覆钵和仰莲部分已经出现开裂和局部粉层脱落等现象，塔顶的颜色由于长期灰尘堆积由灰白变成了黑色，如不进行处理也会导致整体的崩塌，图 10-7 为瑞光塔（白塔）的葫芦形塔刹、图 10-8 为塔刹的覆钵、仰莲出现开裂。塔顶拆除

▲图 10-6　搭建脚手架，瑞光塔（白塔）进入待修状态

后施工人员进入塔顶中心，发现塔心木长期受雨水的浸蚀和白蚁蛀蚀双重影响已发生严重的开裂、朽烂等现象（图 10-9），需要将塔心木整体移出宝塔再根据朽烂情况决定是修复还是整体更换，图 10-10 为移出后的塔心木状况。塔心木移出宝塔后发现这个木材

▶图 10-7　瑞光塔（白塔）的葫芦形塔刹

▲图 10-8　塔刹的覆钵、仰莲出现开裂

▶图 10-9　开裂、朽烂的塔心木

已几乎全部腐烂，根据文物维修原则可以进行整体更换，但考虑瑞光塔（白塔）是国家级
文物保护单位，从尽可能保持原状的角度出发，思成古建的工程师陆革民提出了一个大胆
的设想：就是尽可能利用原塔心木尚未损坏的部分，下端腐烂的采用当地老杉木进行指接、
上端蛀蚀部分进行剥开蛀蚀部分，保留木材芯子，再用当地同种木材进行包裹以环氧树脂
进行粘贴等方法使其恢复到原来的粗细、长短等形态，图 10-11 为塔心木利用当地老杉木
进行错接、环氧树脂包裹过程，再在外表涂刷桐油，使其具有防水作用并使塔心木的色泽
变深，与原物接近，图 10-12 为修复完成的塔心木。塔心木修复完成后，有部分专家对
它的色泽提出了质疑，认为罩刷桐油后使原有的色彩发生了改变，需要重新找一根老的杉
木进行处理，但是当时在当地已无法找到这么粗大的旧杉木材料更换瑞光塔（白塔）的塔
心木。思成古建在苏州旧木材市场寻得一根较为合适的楠木材料可以用作瑞光塔（白塔）
的塔心木更换，楠木材料较原有的杉木材料在防水、抗腐性能方面均优于杉木，但是材料
价值、运输等方面的成本会大大增加。最后这个方案由于材料质地与原来不符也被专家们
否定了，工程一度陷入僵局。最后，当地建设部门和清华大学建筑设计研究院从文物的安
全性、耐久性和原物保留等方面考虑，通过了思成古建提出的塔心木原物利用的方案。
这根经思成古建精心包裹、经过指接而成的塔心木终于被重新安装到了它原来的位置，

▲图 10-10　移出后的塔心木状况

▶图 10-11　塔心木利用当地老杉木进行
错接、环氧树脂包裹过程

图 10-13 为吊装塔心木。塔心木吊装完成后，工程人员重新按原样砌筑了葫芦形塔顶，在外面粉上了含有砺灰等当地特有材料的粉层，使整个葫芦形塔顶更显神韵，图 10-14 为按原样重砌的葫芦形塔顶。

　　塔顶修复完成后就对屋面瓦件、屋面窝瓦、塔身裂缝、抹灰脱落、内墙开裂脱落等问题进行修复，重点是对垮塌的塔檐进行修复，由于瑞光塔（白塔）的屋檐、斗栱等部分采用的是特制的异形砖瓦，图 10-15 为损毁的各种异形砖瓦件。这种砖有 70 cm 长还带弯，现在市场上难以找到这样的材料，思成古建在苏州附近的砖瓦厂定制后运到福建使用，但是由于定制砖瓦烧制时间较短，烧制后无法自然风干，在强度方面达不到原来材料的使用的标准，如果按照传统技术制造，在时间上又不允许。后来施工技术人员发现一种产自江苏宜兴的耐火砖在颜色上非常近似瑞光塔（白塔）的砖，而且耐火砖的尺寸较大，硬度、强度等指标都超出原有材料，达到原砖的尺寸只需要切割不需要专门定制。因此施工人员很快决定使用宜兴耐火砖切割后来替换损毁的砖。经专家论证后认为虽然耐火砖在色泽、硬度、强度等方面都能满足要求，但是耐火砖由于质地紧密，砖体密度较大，同体积砖块的重量远远超过瑞光塔（白塔）的原砖。特别是损坏的塔檐是在三、四层的较高层，如果在高层塔檐上使用耐火砖材料会增大塔顶部的重量，会增加瑞光塔（白塔）的危险系数，因此专家组不同意使用耐火砖材料来更换损坏的塔砖，除非使替换材料和原材料重量基本一致才能使用。随着瑞光塔（白塔）修缮工程不断推进，最大的难题是到哪里去寻找适合的替换材料？在福建当地已经没有工厂能够生产异形的砖瓦材料，外地定制一定要按照传统工艺程序一步步按自然晒坯、土窑烧制、自然出炉降温等过程才能达到原有砖的标准，这样不仅损耗率大，制作时间也较长，无法满足修缮工程的工期要求。经过仔细分析研究，

▲图 10-13　吊装塔心木

▲图 10-14　按原样重砌的葫芦形塔顶

▲图 10-15　损毁的各种异形砖瓦件

思成古建的技术人员还是将目光放在现成的耐火砖上，这种耐火砖其他指标都能符合要求，只有重量较大这一个问题尚未克服。考虑替换用砖的使用量并不算很多，技术人员想出了一种办法，就是先按照原砖的形状将耐火砖一块一块切割成形，再分别将耐火砖的中间掏空，以此来降低整块砖的重量，掏空程度直到符合原砖的重量为止，图 10-16 为两侧掏空后呈工字形的耐火砖、图 10-17 为一侧掏空后使用的超长规格砖。这样的做法虽耗费了较大人工，但可使新型耐火砖在替换使用中从外形结构上与原砖完全一致，由于内部中空可以有效地减轻整体更换面积的重量，达到修缮要求以后，更换部分与原有部分在色泽、形状、结构和重量上保持一致的效果，图 10-18 为采用改制的耐火砖修补的瑞光塔（白塔）砖砌斗栱，与原有残存部分颜色与形状基本一致、图 10-19 为修补完成的四层塔檐、图 10-20 为塔沿构件原样粉刷。这种方法得到设计方清华大学建筑设计研究院和建设方福建泉州晋江市政府文物保护部门专家的高度评价。这种使用现代材料进行加工处理后小部分替代当前无法找到的特殊原生材料的施工方法，在晋江瑞光塔（白塔）的修复工程中首次被使用并取得了较好的效果，也为今后古建筑修复工程提供了借鉴。

　　晋江瑞光塔（白塔）的修复解决了更换塔心木和寻找替换用砖两大难题后，剩余的木构件置换、墙体粉刷、屋面除草和碎瓦重排等项目（图 10-21 为清除瓦面杂草，瓦面重新窝瓦），虽然繁琐，但对于富有古建筑维修经验的思成古建来说就轻车熟路了，完成得比较顺利。

　　关于宝塔的塔身颜色定位还是经过了多次专家论证，较多专家认为瑞光塔（白塔）的

▲图 10-16　两侧掏空后呈工字形的耐火砖

◀图 10-17　一侧掏空后使用的超长规格砖

▶图 10-18　采用改制的耐火砖修补的瑞光塔（白塔）砖砌斗栱，与原有残存部分颜色与形状基本一致

▲图 10-19　修补完成的四层塔檐

▲图 10-20　修复后塔沿构件按原样粉刷

▲图 10-21　清除瓦面杂草，瓦面重新窝瓦

命名是因为其原始时期为灰白色的色彩而得的，随着时间的推移、灰尘的堆积以及海风的侵蚀，使原有粉层中的某些元素发生了化学反应，因此造成了现在宝塔的塔身呈白色略带黄褐色（图 10-22），修复瑞光塔（白塔）应该在外壁涂上白色粉层使其恢复洁白色泽；还有专家认为瑞光塔（白塔）并非纯白色，按照建造时的水平和材料来看应该就是偏黄的色泽，目前修复瑞光塔（白塔）不能另涂上白色粉层，只要清洗掉灰层堆积而成的深色即

▲图 10-22 瑞光塔（白塔）的总体呈白色略带黄褐色

可；而思成古建的技术人员认为，专家的两种意见在具体实施中都有较大难度，第一种要恢复初建时的色彩，但初建时究竟是怎样的色彩？我们只能认为瑞光塔（白塔）是白色，但是白色的纯度是无法确认的，也无从考证，这对施工人员调配粉层原料造成很大难度，很难把握；另外要清洗掉现在的堆积灰尘也不太可行，因为塔上的灰尘年代久远，各种物理和化学物质都有，很难用一种清洗剂就全部清除，必须用多种洗剂多次清洗才行，这样会造成清洗不彻底，甚至会对墙体产生伤害造成二次破坏。思成古建的技术人员认为，鉴于现在瑞光塔（白塔）的塔身有多处裂缝和起壳、脱落等现象，只能在对这些问题修复后再在塔身罩涂一层粉料，粉料可以选择传统的材料加上一些当地的砺灰，这样的粉层虽有一些色彩不均现象，但与当地的建筑能够相融合，而总起色泽效果并不是纯白，而是灰白中微微泛黄，这样可能更能够反映出古老、传统和地域风貌。最后专家们一致认同了思成古建的提议，先在宝塔的某一局部进行了试验，得到大家认可后就开始进行整体粉刷，图10-23为木屑、环氧树脂搅拌用于填充塔芯木；图10-24为对起壳的穹顶进行重新抹灰修缮；图10-25为墙面重新抹灰、裂缝灌浆处理；图10-26为墙体开裂处灌浆重新抹灰。

晋江瑞光塔（白塔）的维修工程历时四个多月，在2016年7月5日全面完工，后期

▼图10-23　木屑、环氧树脂搅拌用于填充塔芯木

►图 10-24 对起壳的穹顶进行重新抹灰修缮

◄图 10-25 墙面重新抹灰、裂缝灌浆处理

►图 10-26 墙体开裂处灌浆重新抹灰

的材料报送和工程验收又持续了一段时间。维修过的瑞光塔（白塔）白净整洁，各层塔檐和斗栱棱角分明。图为 10-27 修复完成后的瑞光塔（白塔）、图 10-28 为修复后的瑞光塔（白塔）近景。作为晋江和安平的标志性建筑，瑞光塔（白塔）吸引着大批民众和全国各地的游客。

▲图 10-27　修复完成后的瑞光塔（白塔）

▲图 10-28 修复后的瑞光塔（白塔）近景

第 11 章
船里钟催行客起
塔中灯照远僧归

——寒山寺普明宝塔及附属建筑保养维修工程（仿古建筑新旧建材连接问题）

寒山寺普明宝塔及附属建筑保养维修工程简表

宝塔名称	寒山寺普明塔	宝塔级别	现代仿古建筑
坐落地址	苏州姑苏区枫桥路寒山寺弄 24 号	工程时间	2017 年 3 月—2017 年 12 月
建设单位	苏州寒山寺		
设计单位	苏州香洲古代建筑设计有限公司		
施工单位	苏州思成古建园林工程有限公司		
监理单位	苏州城投项目投资有限公司		
工程主要内容	屋面防水、照明系统重置、消防系统修整、塔刹贴金、塔身挂枋加固、塔基栏杆加固		
项目负责人简介	陆革民：瓦工技师、高级工程师，香山帮技艺传承人。参与过寒山寺罗汉堂，虎丘云岩寺塔，千灯镇秦峰塔，苏州文庙大成殿等重大文物古建项目的维修工程。这些项目多次获得省、市级"优秀工程"奖和文化部门"优良工程"荣誉。从事古建筑行业 39 年，在业界具有一定知名度		

　　寒山寺是苏州城外一处著名的寺庙（图 11-1 为寒山寺山门），唐代诗人张继的一首《枫桥夜泊》使寒山寺声名远播，图 11-2 为唐诗诗意图。说起姑苏城外的寒山寺，人们往往会联想起"诗碑""大钟""钟楼"等寺庙建筑（图 11-3 为寒山寺碑廊、图 11-4 为寒山寺钟楼），但是唯独没有人提起寒山寺的宝塔。难道寒山寺一直都没有宝塔吗？其实并非如此，寒山寺始建于南北朝时期梁武帝天监年间（502—519 年），当时称为"妙利普明塔院"。《续高僧传》记载：普明是一位历梁、陈、隋诸朝的高僧，从天台宗开宗祖师

▲图 11-1 寒山寺山门

▶图 11-2 唐诗诗意图

▲图 11-3 寒山寺碑廊

▲图 11-4 寒山寺钟楼

智顗法师。普明为营建"国清寺"随智顗法师往来于金陵、庐山、荆州、扬州等地，苏州枫桥一带是当时水陆交通必经之地，与普明多有交集。最后成为他的归葬之地。为纪念这位高僧，人们在此建立了妙利普明塔院。到了唐贞观年间，天台高僧寒山来此驻锡，才更名为寒山寺。由此可见，寒山寺初建时是普明大师的归葬场所，称"塔院"，应该是有塔的，至少是有一座小型的佛塔用来存放和供奉普明大师的遗骨。有关资料也记载了历史上妙利普明塔院曾遭的三次毁坏。唐武宗"会昌灭佛"及五代战乱，使普明塔第一次被毁；北宋太平兴国初期（939—955年），平江军节度使孙承祐在此重建七层宝塔。南宋建炎四年（1130年）金兀术率军进犯苏州，七层宝塔遭南宋溃兵严重破坏。这是第二次被毁。南宋绍兴四年（1134年）起，寒山寺长老法迁花三年时间重新修建。直到元代末期，朱元璋派徐达率军围攻苏州的吴王张士诚，张士诚兵败后，寒山寺及寺塔一并被毁，此后的600多年来寒山寺一直无塔。

1984年，寒山寺住持性空法师率全寺僧众大力修复和重建寒山寺，感觉寒山寺虽修整一新，唯塔影不见为憾。于是性空法师在1989年发下宏愿：要重修寒山寺佛塔。有关部门很快批准了寒山寺重修宝塔的设想。寒山寺开始全面筹办修塔。1992年寺院方面聘请上海水石建筑规划设计股份有限公司承担宝塔及塔院的设计，摆在设计人员面前的首要问题是宝塔的形式问题，建宋塔还是唐塔？建宋塔的依据是，因为这座宝塔最后一次毁掉的是宋塔，而建唐塔的依据是因为寒山寺因唐代高僧寒山而得名，那首使寒山寺扬名的《枫桥夜泊》诗也是唐诗。为了慎重起见，寒山寺最后请教了当时中国佛教协会会长赵朴初先生，赵先生经研究后回函道："我意建仿唐建筑形式也好。"遂定建唐式塔。于是设计方上海水石建筑规划设计股份有限公司用近一年时间收集建塔资料，进行分析研究，还邀请建筑大师张锦秋院士做技术顾问，最后形成了这座仿唐木结构楼阁式佛塔，全塔四方五层，由须弥座台基、塔身、塔刹三部分组成，总高42.2m的宝塔的设计蓝图。看到设计图，社会上反响很大，大家认为唐代的佛塔与寒山寺的整体建筑物能较好地进行融合，另外唐塔的平座和屋面伸展空间较大，适于在平座上进行观景和在台基上开展各种活动，赵朴初先生看到后也十分高兴，并赐题塔名"普明宝塔"，图11-5为赵朴初先生为寒山寺塔题写的匾额。1995年12月11日宝塔竣工。1996年10月30日，寺院隆重举行"宝塔竣工暨佛像开光仪式"。仪式上，寒山寺住持性空法师还将寺院征集的苏州各大寺庙高僧舍利子及法器放置在普明塔的顶层专门制造的柜子内，成为镇塔的宝物，图11-6为普明塔顶层的安放圣僧舍利专柜。普明宝塔落成后，老百姓还是习惯称普明宝塔为寒山寺塔。普明宝塔的台基为一种红色花岗石材料，高2.1m，宽16m。四边有台阶拾级而上。台基外四角，各立青铜卧狮一座，护持呼应。普明宝塔塔身高30.5m，采用钢筋混凝土薄壁结构，塔壁厚度仅14cm，是一座现代仿古的建筑物。

普明宝塔的建成为寒山寺这座千年古刹增添了一大景观，也弥补了自元末以来，寒山寺一直没有宝塔的遗憾。

2017年，也就是普明宝塔建成的第22年，普明宝塔由于多层平座的屋檐漏水严重而不得暂时停止对游客开放，同时由寺庙管理层出面邀请思成古建对普明宝塔进行全面维修。

▲图 11-5　赵朴初先生为寒山寺塔题写的匾额

◀图 11-6　普明塔顶层
的安放圣僧舍利专柜

▲图 11-7　思成开展对普明宝塔的全面维修

思成古建的技术人员经考察分析后认为：普明宝塔并不是传统建筑的宝塔，由于宝塔使用的是钢筋混凝土等现代建材，用现代施工方法进行建造的，要进行维修也必须查明漏水的原因才能进行施工。对于以传统建筑修缮工程而著名的思成古建，如果承接寒山寺普明宝塔的维修，同时存在两个难点和一个有利条件，难点之一是必须要明确宝塔的建材类别，即哪些是传统建材哪些是现代建材，然后才能区分到底问题出在哪里，最后确定切实可行的维修计划；第二是普明宝塔的建造是按照现代施工工艺流程操作，而宝塔的外观装饰部分是按照传统建筑工艺建造仿唐代建筑外观，在维修工程中既要精通两种工艺的施工流程和技巧，也要采用一些特殊的技艺方法来衔接这两种工艺做法，使其能够完全融合，这对于具体施工操作者来说是一种挑战。维修这样的宝塔的有利条件是宝塔建成年代较近，维修工程在工艺、材料、操作方面没有像古建筑特别是文物古建的修缮工程那样特别强调"修旧如旧"原则，施工中可以使用一切传统的、现代的各项技术和材料，这对于一贯强调技艺创新的思成古建来说，无疑是一次非常难得的实践机会。于是思成古建接下了寒山寺普明宝塔的维修工程，图 11-7 思成古建开展对普明宝塔的全面维修。

　　通过调研发现，普明宝塔漏水问题的主要原因是混凝土的塔身与传统木结构的仿唐装饰在连接上不适应造成了裂缝（图11-8），局部松脱，从而发生屋面砖瓦破裂（图11-9），平座木地板局部朽烂塌陷（图11-10），油漆层脱皮（图11-11）等一系列问题，最后导致了屋面渗水及安全隐患。

普明宝塔整体设计为唐代式样，外立面的装修主要使用木构件按照传统木工工艺来建造。唐代建筑的特点是木材使用较多和建筑物的斗栱硕大，当时的施工人员在做斗口时用木料按照传统唐代建筑的十字斗口来做，现代建筑的水泥塔壁也按照这个规格浇筑，没有考虑过去是用砖、木材料进行结构组合的，现在以水泥和木材进行组合，这两种材料在物理性能上不能很好地融合，木材插入到混凝土（水泥）塔身时仍然按照传统的方式进行接合，没有进行加固和稳定性处理。这样在建造当时没有明显问题，等待混凝土凝固后木材也发生收缩，两种材料的热胀冷缩程度不同，使木结构的老戗等构件与混凝土松脱，向外拔出，最大的拔出量约17cm，造成整个檐口下塌。再加上当时为了赶工期和强调仿唐的外观，在最后修整时没有对问题原因进行很好地分析，而是采取将每层拔出的飞檐截掉了一段，更换原来的出檐椽，将飞椽向内缩进，减轻了塔层屋面的总重量，然后重新对塔身进行外面的粉层和装涂，这样使得整个宝塔的每层屋檐部分短了约50cm，宝塔的外观和

▲图11-8　屋脊裂缝

▶图 11-9　屋面砖瓦破碎

▲图 11-10　平座木地板局部朽烂塌陷

▲ 图 11-11　油漆层脱皮

尺度都产生了偏离，唐代宝塔的风韵锐减，图 11-12 为油漆起底后的效果。

　　这样处理减轻了宝塔平座整体的重量，解决了当时老戗向外伸出、檐口随时可能坍塌的问题，使普明宝塔按时完工，寒山寺缺失近 600 年的宝塔重新在寺内竖立起来。由于木材和混凝土热胀冷缩程度不一致的问题并没有得到根本解决，经过一段时间后又显现出来，主要表现为下雨时雨水会沿着热胀冷缩产生的接缝不断渗透，造成下层漏水且随着时间推移，漏水越来越严重并出现裂缝、塌陷等情况，最后普明宝塔只能停止对外开放。之后寺院方找到了思成古建来进行普明宝塔的维修。

　　考虑普明宝塔已经建造了 20 多年，这

▲ 图 11-12　油漆起底后的效果

次维修是对宝塔的第一次大修，除了解决漏水问题，还要更换普明宝塔的照明系统、消防系统以及对每层平座下方的挂方、基座石栏杆进行加固，还要对塔刹进行贴金装饰。进行综合分析，思成古建的技术人员认为要想彻底解决漏水问题就要解决塔身的混凝土与塔层屋面戗角木结构部分的材料结合问题，由于现代建筑采用混凝土浇灌塔壁，需要在浇灌塔身时用同样性质的混凝土做出戗角，在混凝土戗角上仿制或者装饰木结构构件。这种方法等于推倒重建一座普明宝塔，并不可行。现在只能在原有基础上进行新材料的屋顶涂刷来阻断雨水的下渗，达雨水止漏的效果。鉴于近年来化工材料的突破和前期维修虎丘云岩寺塔的经验，他们首先想到了芬考胶粘剂 SAE500STE 与芬考填料配合使用，对塔身混凝土材料与木结构材料结合处进行表面罩涂和注入，既增强了材料的结合又具有很好的防水作用，基本上排除了雨水沿缝隙渗入到下面的可能性，另外由于照明系统和消防系统的更换，完成后对整个塔身进行油漆涂刷，这也能起到维护与增加防水效果的作用，图 11-13 为重排照明系统和整体油漆；对于有破碎的屋面进行重排，还对檐下挂方进行加固处理，图 11-14 为重排的屋面。这样可以防止在大风、大雨雪等极端气候环境下，挂方从高层坠落，造成安全事故，因此在维修中采用压力板代替青砖挂方，用铜铆钉固定在檐口下方位置。这样挂方的重量减轻、安装牢度提高，使这些挂方没有了坠落的可能，图 11-15 为加

▲图 11-13　重排照明系统和整体油漆

▲图 11-14　重排的屋面

固的挂方。对于基座栏杆的加固，由于寒山
寺的基座围栏采用的是红色的四川红石材，
这种材料出产于四川，硬度较高。用传统
方法安装好以后，由于受到个别不文明游
客用脚踹等行为，使得部分石栏杆松动、
断裂、移位。这次维修思成古建的技术人
员对残破的石件进行更换，采用石料中间
用环氧树脂加钢筋来进行连接，使石护栏
的牢固度大大增强，完全能够承受大力的
踢、踹等行为，该项施工的难点是在石料
中间进行钻孔的难度较大，一般的钻头很
难进行钻孔操作，施工人员采用了进口的
钻头按时完成了钻孔、内置钢筋等一系列
操作，使普明宝塔基座护栏得到全面加固，
图 11-16 为普明宝塔基座石栏杆得到加固；
普明宝塔维修工程还有一项难点在于对塔

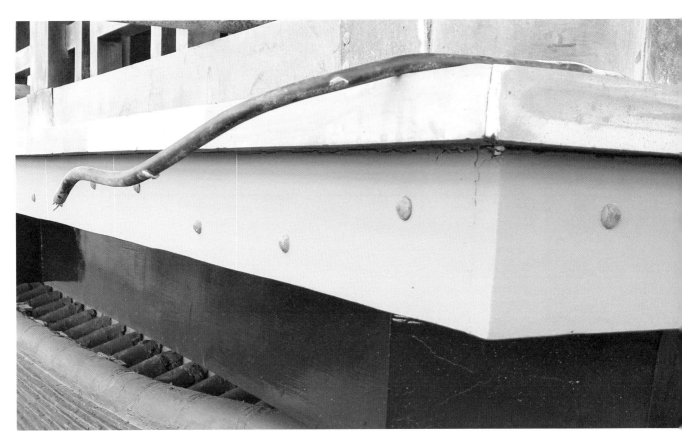

▲图 11-15　加固的挂方

▲图 11-16　普明宝塔基座石栏杆得到加固

刹的贴金。按照贴金操作的要求，需要在无风的密闭环境下进行，还需要具备足够的亮度能够看清需要贴金的每一个部位，因此思成古建的技术人员在30多米高的宝塔顶部搭建了一个脚手架（图11-17），在架子上隔出了一个相对密封的小空间，将塔刹部分完全罩在里面，还在里面安装了很多照明灯具，便于贴金工序的操作。最后顺利完成了为塔刹贴金的项目，也预示着寒山寺普明宝塔的维修工程圆满结束，图11-18为完成贴金的塔刹。

▲图11-17　为了便于贴金操作，在塔刹搭建的专用脚手架　　▲图11-18　完成贴金的塔刹

经过维修后，普明宝塔不仅整个塔身焕然一新，建筑物所必须的照明系统、消防系统也得到了整体更新，在日光的照射下，普明宝塔那金光闪闪的塔刹显得格外引人注目（图 11-19 为寒山寺普明宝塔），续写着姑苏城外寒山寺 600 年的寺塔传奇。

▲图 11-19　寒山寺普明宝塔

第 12 章
苍岛孤生白浪中
倚天高塔势翻空

——光福寺塔保护修缮（古建筑的油漆和保养）

光福寺塔保护修缮工程简表

宝塔名称	光福寺塔	宝塔级别	江苏省文物保护单位
坐落地址	苏州市光福镇龟山（属铜观音寺）	工程时间	2018 年 3 月—2018 年 6 月
建设单位	苏州市吴中区光福镇人民政府		
设计单位	苏州香洲古代建筑设计有限公司		
施工单位	苏州思成古建园林工程有限公司		
监理单位	江苏常诚建筑咨询监理有限责任公司		
工程主要内容	内、外墙体粉刷，木结构油漆，塔心木修补、塔刹表面整修、坐槛、栏杆等木结构腐朽处修补		
项目负责人简介	朱兴男：苏州思成古建园林工程有限公司的创立者，参与过苏州文物整修所、苏州文物古建工程处和苏州思成古建园林工程有限公司绝大多数工程项目的策划、设计和施工。这些项目多次被评为"江苏省文物保护优秀工程奖""江苏省文物保护优秀技术奖""苏州市文管会优良工程"等		

　　苏州吴中区光福镇的光福寺，原称光福讲寺，始建于梁天监二年（503 年），距离现在已有 1500 多年历史，被认为是吴中地区最古老的寺院，图 12-1 为俯瞰光福寺。该寺庙原是黄门侍郎顾野王的一处私宅，在南北朝时期顾野王舍宅为寺，请高僧在这里讲经授道，盛极一时，图 12-2 为顾野王像。到了唐代光福寺的香火旺盛，达到鼎盛，成为吴中地区一处较有规模的佛教圣地。宋康定元年（1040 年），有村民张惠在光福寺旁取土，挖得铜观音一尊，随即捐赠给光福寺。此事在当地反响很大，使得前来朝拜铜观音像的佛

▶图 12-2　顾野王像

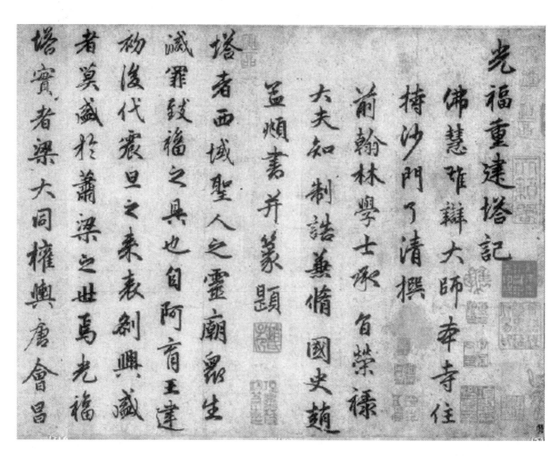

教徒络绎不绝，人流如海。后来民间改称光福寺为铜观音寺。铜观音寺与寺前宋代的石梁桥，寺后龟山山顶的光福寺塔以及寺院内廊壁古香古色的碑碣古刻还有元代书法家赵孟頫为光福寺塔手书的《光福重建塔记》，图 12-3 为赵孟頫《光福重建塔记》卷首、图 12-4 为赵孟頫《光福重建塔记》局部，现已经成为苏州市重要的文物，现在位于光福寺内。

　　龟山之上的光福寺塔，是光福寺的一处重要文物，被誉为光福镇的标志。光福寺塔的原名叫舍利佛塔。塔内原收藏有《大方广佛华严经》和光福讲寺开山祖师悟彻和尚的

▲图 12-3　赵孟頫《光福重建塔记》卷首

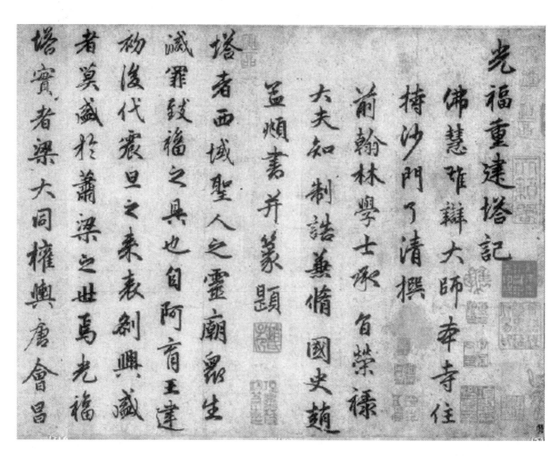

舍利。由于光福寺和光福寺塔的建造年代较早，又与江南文化名人顾野王有关联，宝塔得到当地信众和文人雅士的重视，光福寺塔历史上历经过多次损毁与重建，据可查的资料记录：光福寺塔修建的年代略晚于光福寺，大致在梁大同年间（535—545 年），为顾氏所建。唐会昌末年（846 年）毁于火灾，咸通年间（860—874 年）由僧人募集资金重建。到了唐光启二年（886 年），顾野王后人，唐代中书顾在镕进行了修缮。宋乾道五年（1169 年），顾清璨、沈彦荣再次进行大修。元至治元年（1321 年）光福寺塔进行重建。明万

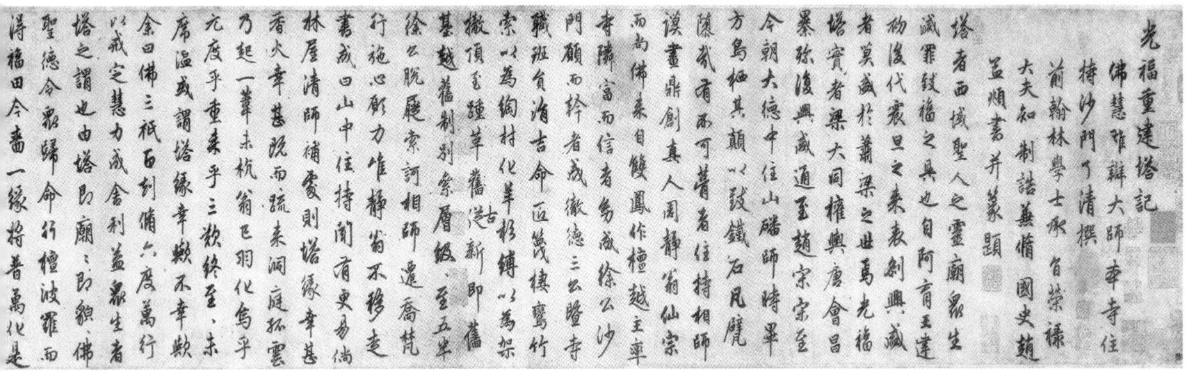

▲图 12-4　赵孟頫《光福重建塔记》局部

历二十年（1592 年），董份重建。清乾隆二十一年（1756 年），徐坚等修缮。清嘉庆年间（1796—1820 年），光福寺塔遭雷击起火，木构件全部被烧毁，只剩下砖结构的塔身，图 12-5 为木制构件烧毁后的光福寺塔。1999 年，由地方人民政府投资对光福寺塔进行修缮保护，这次修缮恢复了塔身外的木结构构件并开辟了光

▶图 12-5　木制构件烧毁后的光福寺塔

▲图 12-6　新建的光福塔院及光福寺塔

福塔院，图 12-6 为新建的光福塔院及光福寺塔。重修的光福寺塔是按照宋代顾氏后裔重修时的原样进行修复：砖木混合结构的楼阁式佛塔，平面呈正方形，四面七级，修建在三层条石的塔座上，含塔刹全塔高约 35m，共设有 88 级台阶。宝塔底层设有回廊，正南一面开门，二层以上四面有壸门，门内壁左右置佛龛，供奉 49 尊佛像，图 12-7 为光福寺塔内的佛像。塔的顶部设有方形、圆形、八角形等各不相同的藻井。各层置腰檐平座，每面置柱枋斗栱、翼角翚飞，做法简洁朴素。塔底层设回廊，各层均有楼板，可拾级而上。若登塔顶，极目远眺，远山峰峦连绵，东西崦湖交相辉映，图 12-8 为修复前的光福寺塔、图 12-9 为修复后的光福寺塔。

◀图 12-7　光福寺塔内的佛像

▶图 12-8　修复前的光福寺塔

▶图 12-9　修复后的光福寺塔

光福寺塔从 1999 年修缮以来，到 2018 年又经历了近 20 年时间，宝塔的塔身粉层开始松动、剥落，木构件的油漆也有大量裂纹、污渍，图 12-10 为梁枋斗栱处的油漆开裂、脱落；图 12-11 为立柱油漆褪色、沾满污渍、蛀蚀等现象。更为严重的是宝塔的塔心木也出现腐朽迹象，如不及时维护将危及宝塔的安全。光福寺塔的级别虽然只是江苏省文物保护单位，但是它是苏州地区最古老的宝塔，并具有唐代宝塔的风格，为了保护苏州市的文物遗产，苏州市人民政府要求思成古建承接光福寺塔保护修缮工程。

◀图 12-10　梁枋斗栱处的油漆开裂、脱落

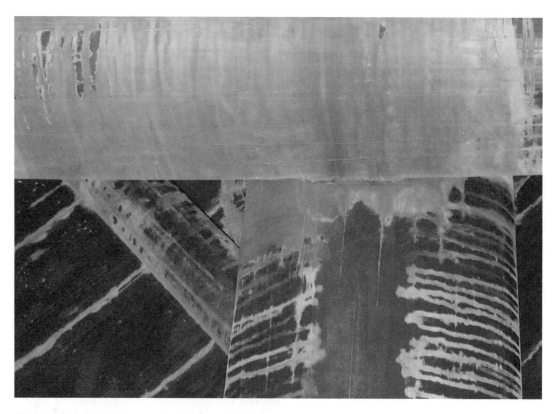

▲图 12-11　立柱油漆褪色、沾满污渍、蛀蚀等现象

承接光福寺塔保护修缮工程后，思成古建立即派出工程技术人员进行现场勘察和研究维修工程的实施方案，图 12-12 为思成古建开始搭设的维修脚手架。大家认为，这座光福塔虽然是 1999 年修缮以后的形态，但塔身基础可能是明代万历年间的遗存。据说在那次大修过程中，以文物古建筑专家罗哲文为代表的国家古建筑文物专家考察组曾亲临施工现场，对光福塔进行实地考察和维修指导。当时已过古稀之年的罗老先生还钻进塔体底层孔洞中进行长时间勘察，勘察后罗老先生得出这座光福塔是"唐制宋建"的结论。由此可以看出这座光福塔的塔身肯定保留着很多唐宋时期的历史构件和遗存。由于光福寺塔是遭到雷击着火，烧毁了塔身外围的木结构，因此现在的光福寺塔内木构件基本都是在大修时加上去的，而砖体的塔身内壁基本没有改动，这是当前保护修缮工程所要特别注意的。

▲图 12-12　思成古建开始搭设的维修脚手架

这次保护修缮工程主要目的是去除一些褪色、松动的外观缺陷，恢复宝塔初建时的形态。修复内容主要是塔身墙体的粉刷、损毁木制构件、破损瓦屋面的修补和重新油漆，并不涉及塔身原有的砖结构修补。保护修缮工程首先是墙体的粉刷，对于文物古建筑墙体的粉刷可大致分为两种操作，一是粉层内部出现松脱，向外鼓起气泡造成脱落的，为了保护原有粉层面貌可以采用在粉层内部注入增强材料，使松动的粉层粘结牢固，不再松动、脱落从而保护原有粉刷层的面貌；二是最新修缮的粉层由于和以前的墙体粉层结合不牢或遇到自然界风雨的浸蚀造成再次脱落的，可以铲除最新的粉层进行重新粉刷，这样也能达到保护原有粉层的目的。此次修缮的光福寺塔由于建塔时间较为久远，以前的每一时期都对塔身墙体进行过无数次的粉刷和修补，使得粉刷层层堆叠，几乎每个地方都出现松动、脱壳、开裂、中空等问题，因为历史上粉层众多，也无法明确区分出是哪一粉层出现的问题，现在究竟应该保护哪一层粉层。最后经过专家们的论证，认为既然是"唐制宋建"的宝塔，需要保持的就是这种风格，塔身的粉层宋代时期的原始粉层已不存在，因此可以将塔身粉层全部铲除，然后根据传统的配方和工艺手段进行重新粉刷，只需要在色彩、粉层材料配比上符合"唐制宋建"并保证在较长时间内不再发生粉层脱落现象。专家的意见明确了修缮工程的操作方式，但是大大增加了工程量，整个光福寺塔需要粉刷的总面积达到 380.91m^2，而且这些粉刷面积是需要在对以前的粉层进行铲除后进行的，因此要耗费翻倍的人工成本。为了达到修缮工程要求和对文物保护的需要，思成古建的施工人员克服种种困难，最后在预定时间内完成了"光福寺塔保护修缮工程"。

光福寺塔保护修缮工程的第二项内容是整体修整，包括木结构油漆；瓦屋面全部重修；灯芯柱修补；塔刹表面除渍，涂防锈漆；木柱修补；修复平板枋；木楼梯修补；底层木坐槛修补；木栏杆修补以及五、六层木地板修补等多项内容。思成古建的施工人员精心施工，反复对照，力争做到油漆的色泽与建塔初期基本保持一致。对于已经腐朽需要更换的木构件，尽量寻找与原材料相同的木料并尽可能减少更换的面积，例如对灯芯柱的修补，他们仅对彻底腐烂的部分进行修补，修补的体积只有 0.35m^3，图 12-13 为进行指接修补的木结构件。

光福寺塔保护修缮工程为期 6 个月，修缮后的光福寺塔平座栏杆、木扶梯等都得到更新及加固，图 12-14 为整修后的平座栏杆、图 12-15 为加固的木扶梯，整体形象为之一新，图 12-16 为修缮后的光福寺塔外观形象，已不是那个破败不堪的砖塔形象，呈现给大家的是一座重檐复宇，仪态万千的唐代方塔形象。

▶图 12-14　整修后的平座栏杆

◀图 12-15　加固的木扶梯

▲图 12-16　修缮后的光福寺塔外观形象

参考文献

[1] 周瘦鹃 . 苏州游踪 [M]. 南京：金陵书画社，1981.

[2] 卢丹柯 . 双塔 [M]. 南京：东南大学出版社，2004.

[3] 徐耀新 . 历史文化名城名镇名村系列 . 千灯镇 [M]. 南京：江苏人民出版社，2017.

[4] 顾震涛 . 吴门表隐 [M]. 南京：江苏古籍出版社，1999.

[5] 昆山地方志办公室 . 昆山历代乡镇旧志集成 [M]. 扬州：江苏广陵书社，2019.

[6] 王道伟 . 昆山县志 [M]. 上海：上海人民出版社，1999.

[7] 方鹏，方时举 . 嘉靖昆山县志 [M]. 扬州：江苏广陵书社，2016.

[8] 卢熊 . 苏州府志 [M]. 扬州：江苏广陵书社，2020.

[9] 龚自珍 . 龚自珍己亥杂诗注 [M]. 北京：中华书局，2019.

[10] 江苏省苏州高新区镇湖街道志编纂委员会 . 镇湖街道志 [M]. 北京：方志出版社，2019.

[11] 陆肇域，任兆麟 . 虎阜志 [M]. 苏州：古吴轩出版社，1995.

[12] 董寿琪 . 虎丘 [M]. 苏州：古吴轩出版社，1998.

[13] 徐文涛 . 虎丘——吴中第一名胜 [M]. 北京：长城出版社，2017.

[14] 钱玉成 . 映现吴越—虎丘塔文物 [M]. 苏州：古吴轩出版社，2010.

[15] 苏州博物馆 . 虎丘云岩寺塔瑞光塔文物 [M]. 北京：文物出版社， 2006.

[16] 周瘦鹃 . 访古虎丘山 [M]. 南京：金陵书画社，1981.

[17] 周学曾 . 晋江县志 [M]. 福州：福建人民出版社，1990.

[18] 陈咏民 . 古韵安海 [M]. 北京：方志出版社，2000.

[19] 道宣撰 . 郭少林校点 . 续高僧传 [M]. 北京：中华书局，2014.

[20] 凌郁之 . 寒山寺诗话 [M]. 南京：凤凰出版社，2013.

[21] 叶昌炽撰，张维明校补 . 寒山寺志 [M]. 南京：江苏古籍出版社，1999.

[22] 温波 . 寒山寺史话 [M]. 北京：社会科学文献出版社，2015.

[23] 崔晋余，雍振华 . 苏州园林名胜游览手册 [M]. 北京：中国林业出版社，2004.

[24] 徐文涛 . 苏州古塔 [M]. 上海：上海文化出版社，1998.

[25] 徐傅 . 光福志 [M]. 扬州：广陵书社，2019.

[26] 蒋志明 . 顾野王年谱 [M]. 北京：中国文史出版社，1999.

[27] 李洲芳 . 吴县风物 [M]. 天津：天津科学技术出版社，1993.

跋

　　这是一部我父亲主持编写的香山帮技术书籍，它通过我的父辈们参与过的十个古塔修造案例，记录了每一个项目的实施过程。材料丰富、内容翔实，对于没有亲身参与过项目工程的人来说有较高的启发意义和参考价值，较之目前出版的同类型著作来说有着较为独特的描述角度。

　　我出生在苏州，从小和父亲在一起生活。尽管如此，我和父亲见面和交流的机会并不是很多，我从小就依稀知道，父亲是个泥水匠，一直都很累也很忙，但在那时我并不知道父亲在忙什么？现在自己也进入这个行业，聆听父亲和我的叔伯们共同回忆并出版了这本书，我帮他们校验各种文字、照片和手绘资料时，似乎随他们一起参与到每一个项目中去，体会到一个个项目在实施过程中的艰辛，也领略到这些项目在完成时的喜悦，于是我终于明白了他们所做的一切。

　　父亲和我的叔伯们都是香山帮的工匠，他们为之而奋斗的事业就是香山帮传统建筑营造技艺的保护和传承，从这一点来讲，父辈们的事业已取得了成功，他们继承了香山帮的传统技艺，维护和修复了一大批香山帮的园林景观和传统建筑，还培养出多名香山帮的徒弟，我父亲不仅创立了自己的古建筑公司，还成为香山帮技艺项目江苏省的代表性传承人。现在这本书的出版发行也为香山帮和思成古建留下了宝贵的一手文献资料，为香山帮事业的后继者们提供了较为翔实的实践参考。

　　本书在编写过程中得到当年参与具体项目的各位老师傅的大力支持，特别是现任苏州思成古建园林工程有限公司总工程师陆革民先生为本书提供大量的图片资料和设计稿件，还有苏州市文物管理局、苏州市香山帮营造协会和在苏州的其他古建筑工程企业给予了大量帮助以及在文稿的撰写过程中参考了临川老客的博客、大羽的博客、若愚的博客、天井之娃的博客、苏州欣欣旅游网、分享创业者的世界、360百科、大槐树下好乘凉的博客、中国塔的博客、天津琛瑜的博客、七宝庄严的博客、CBI建筑网、道教之音、我楚狂人的博客、斗笠斜阳的博客、老言、思泉_的博客、苏州上方山森林公园、姑苏老沈的博客、享受一切美丽的博客、苏州高新区统战新声、天翔128的博客、刺绣艺术之乡、wulitu的博客、咕咚杂货铺、道客巴巴、知网空间、晋江新闻网、嗜塔者的博客、闽南网、复建古塔觅迹的博客、村口1949的博客、夜色琴声的博客、水石设计、黄胖HP的博客、无奈生活事、爱卡汽车网、新庄里人的博客、苏州老沈的博客、悠哉游哉之走遍苏州、禅的行素、驴妈妈旅游、扬眉的博客等网友博客内容，同时许多参与过各项工程的工程技术人员也给本书提供了很多参考资料，在此一并感谢！

　　另外要说明的是：本书采用配图除了注明出处外均为苏州思成古建园林工程有限公司存档资料或当年工程参与者私人收藏，如有版权问题请及时与编者联系；所有工程项目由于是集体回忆形成，涉及的具体时间及各项数据可能存在误差，请工程参与者或有确切资料记录者勘误指正。

苏州市香山帮营造协会副秘书长

苏州思成古建园林工程有限公司总经理

跋